Zeitmanagement

Prof. Dr. Jörg Knoblauch

Holger Wöltje

Marcus B. Hausner

Martin Kimmich

Siegfried Lachmann

HAUFE.

Inhalt

Teil 1: Praxiswissen Zeitmanagement

Teil 2: Training Zeitmanagement

Vorwort

Haben Sie oft das Gefühl, der Zeit hinterherzurennen? Oder hetzen Sie von einem Termin zum anderen? Oder finden Sie nie Zeit für das, was Sie schon immer einmal machen wollten? Dann ist es höchste Zeit für ein effektives Zeitmanagement.

In diesem TaschenGuide lernen Sie, wie Sie Ihren Tag und Ihre Woche sinnvoll planen. Sie erfahren, wie Sie Ihre Ziele definieren, die richtigen Prioritäten setzen, mit Zeitfressern besser umgehen sowie effektiver und effizienter arbeiten. Neben bewährten Zeitmanagement-Techniken stellen wir Ihnen eine Reihe von Hilfsmitteln vor, die Ihnen die Planung erleichtern. Übungen und Checklisten runden den Band ab.

Gutes Zeitmanagement zu erlernen und zu perfektionieren funktioniert nicht von heute auf morgen, es ist eine Lebensaufgabe. Doch wenn Sie anfangen, die Grundregeln auch umzusetzen, werden sich erste Erfolge schnell einstellen. Mit etwas Disziplin werden Sie bald weniger Stress sowie die Zeit und Freiheit haben, um das zu tun, was Ihnen wirklich wichtig ist. Damit Sie jeden Tag genießen, auf große Veränderungen hinarbeiten und Ihren Lebenszielen ein Stück näher kommen können.

Prof. Dr. Jörg Knoblauch, Holger Wöltje

Ihr Schlüssel zu effektivem Zeitmanagement

„Wenn ich nicht weiß,
in welchen Hafen ich segeln will,
dann ist kein Wind für mich der richtige."
Seneca

Zum professionellen Zeitmanagement gehört viel mehr, als man zunächst vermuten möchte.

Nach einem kurzen Einstufungstest erfahren Sie in diesem Kapitel, wie Sie

- Ihre Ziele definieren und formulieren (S. 10),
- effektiver arbeiten (S. 23),
- Prioritäten setzen (S. 27) und
- trotz beruflichen Drucks ein ausgeglichenes Leben führen können (S. 37).

Testen Sie Ihr Zeitverhalten

Im Folgenden finden Sie acht kurze Fragen, die Ihnen helfen, Ihr Zeitverhalten zu erkennen. Kreuzen Sie spontan an, wo Sie heute stehen.

1 Ich habe klare Ziele, an denen ich mich ständig orientiere, und weiß, was ich erreichen will.

-5 -4 -3 -2 -1 0 1 2 3 4 5

2 Für diese Ziele kenne ich Schlüsselaufgaben, die mich weiterbringen, und setze eindeutige Prioritäten.

-5 -4 -3 -2 -1 0 1 2 3 4 5

3 Ich fühle mich ausgeglichen und kann negativen Stress schnell sowie vollständig kompensieren – mein Leben ist in Balance.

-5 -4 -3 -2 -1 0 1 2 3 4 5

4 Ich benutze eine sorgfältige Wochen- und Tagesplanung, die ich ständig verbessere.

-5 -4 -3 -2 -1 0 1 2 3 4 5

5 Ich verfüge über ein Zeitplansystem, das ich sinnvoll für diese Planung nutze.

-5 -4 -3 -2 -1 0 1 2 3 4 5

6 Störungen und Unterbrechungen habe ich im Griff. Papierkram und E-Mails bewältige ich souverän.

-5 -4 -3 -2 -1 0 1 2 3 4 5

7 Ich kenne meine Stärken und Schwächen und weiß, wo mein größtes Optimierungspotenzial liegt.

-5 -4 -3 -2 -1 0 1 2 3 4 5

8 Ich habe die Einstellung „Ich kann es!" und einen Aktionsplan zur Verbesserung meines Zeitmanagements.

-5 -4 -3 -2 -1 0 1 2 3 4 5

Wie Sie mit dem TaschenGuide arbeiten

Um den größten Nutzen aus diesem TaschenGuide zu ziehen, greifen Sie sich als ersten Ansatz für Veränderungen die Frage mit der niedrigsten Punktzahl heraus. Das ist das Thema mit Ihrem höchsten Verbesserungspotenzial.

Die Fragen eins bis drei entsprechen den Überschriften in diesem ersten Kapitel „Ihr Schlüssel zum effektiven Zeitmanagement“. Die Themen der Frage vier und fünf finden Sie im Kapitel zwei „So planen Sie Ihre Aufgaben und Ihre Zeit“ behandelt, die der Frage sechs im dritten Kapitel „So gestal-
ie Fragen sieben und acht schließlich
n Kapitels „So werden Sie Ihr Zeitma-

Ziele – wissen, wohin ich will

In dieses Kapitel möchten wir Sie mit einer kleinen Geschichte einführen.

Warum Ziele so wichtig sind

Die kalifornische Küste lag nebelverhangen da an jenem Morgen des 4. Juli 1952. 34 Kilometer westlich davon, auf der Insel Catalina, watete eine 34-jährige Frau ins Wasser und schickte sich an, in Richtung Kalifornien zu schwimmen, entschlossen, diese Strecke als erste Frau zu bewältigen. Ihr Name war Florence Chadwick. Sie war bereits die erste Frau gewesen, die den Ärmelkanal in beiden Richtungen durchschwommen hatte. Das Wasser war eiskalt, und der Nebel war so dicht, dass sie kaum die Begleitboote ausmachen konnte.

Millionen schauten über die nationalen Fernsehsender zu. Mehrmals mussten Haie mit Gewehren vertrieben werden, um die einsame Gestalt zu schützen. Die Müdigkeit war nie ihr großes Problem bei diesen Schwimmleistungen gewesen – es war die eisige Kälte, die ihr zu schaffen machte.

Über fünfzehn Stunden später bat sie, steif vor Kälte, aus dem Wasser geholt zu werden. Sie konnte nicht mehr. Ihre Mutter und ihr Trainer, die im Boot neben ihr herfuhren, sagten ihr, dass die Küste schon ganz nah sei. Sie drängten sie nicht aufzugeben, aber als sie zur kalifornischen Küste hinüberschaute, sah die Schwimmerin nichts als den dichten Nebel und bat darum, herausgeholt zu werden. Stunden später, als ihr Körper sich erwärmt hatte, kam der Schock über ihren Misserfolg. Nur eine halbe Meile vor der kalifornischen Küste war sie aus dem Wasser gezogen worden!

Ein Reporter fragte sie: „Miss Chadwick, was hat Sie davon abgehalten, diese letzte halbe Meile zu schwimmen?" „Es war der Nebel", antwortete sie. „Wenn ich das Land hätte sehen können, hätte ich es geschafft. Wenn man da draußen am Schwimmen ist und sein Ziel nicht sehen kann ..."

Ziele motivieren

Der Satz von Miss Chadwick wurde weltberühmt: „Es war der Nebel – wenn ich das Land hätte sehen können, ..." Da sie ihr Ziel aus den Augen verloren hatte, gab sie kurz vorher auf. Dasselbe passiert tagtäglich vielen Menschen in allen möglichen Lebens- und Berufsbereichen.

Erst klare Ziele helfen, herausragende Ergebnisse zu erreichen. Nur wenn Sie wissen, wo genau Sie hin wollen, können Sie den genauen Weg dorthin festlegen und sofort die ersten Schritte in die richtige Richtung gehen.

Deshalb sind folgende Fragen so wichtig:

- Was sind meine beruflichen Ziele?
- Was sind meine geistigen Ziele? (Welche Fähigkeiten will ich mir aneignen?)
- Was sind meine familiären und gesellschaftlichen Ziele?
- Was sind meine geistlichen Ziele? (Was will ich für meine Seele tun? Was ist der Sinn meines Lebens und Tuns?)
- Wo liegen meine finanziellen Ziele?

> Wenn wir ein hochgestecktes Ziel erreicht haben, ist das nicht nur Grund zur Freude und macht stolz, sondern spornt auch zu weiteren Leistungen an.

Was Ziellosigkeit bewirkt

Wenn wir keine Ziele haben, so können wir auch keine Pläne für unser Vorgehen machen. Die großen Erfolgserlebnisse bleiben aus, da wir ja selber nicht wissen, was wir überhaupt erreichen wollen und als Erfolg definieren. Dies wiederum führt zu Enttäuschungen und einem sinkenden Selbstwertgefühl. Am Ende stehen schließlich Motivations- und Lustlosigkeit, die uns den Antrieb verlieren lassen, so dass wir noch weiter davon entfernt sind, uns Ziele zu setzen usw. – ein fataler Kreislauf.

Beispiel

Anton Krämer soll das Geschäft für Herrenbekleidung seines Vaters fortführen, der sich aufs Altenteil zurückzieht. „Ich müsste den Laden mal auf Vordermann bringen", denkt er sich. „Hier ist alles so altmodisch." Doch dazu müsste er viel Geld und Energie investieren. Ohnehin kein geborener Unternehmer, steigt Herr Krämer nur halbherzig ein. Ständig unentschlossen, ob er das Geschäft nun eigentlich weiterführen will, verändert er nichts. So vergehen einige Jahre. Schließlich gibt Herr Krämer das Geschäft frustriert auf.

Der Kreislauf der Ziellosigkeit

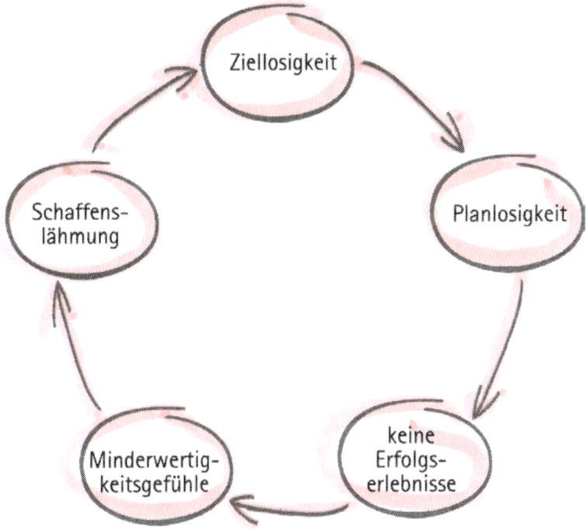

Ohne Ziele geraten wir in eine Negativspirale, die sich immer weiter nach unten dreht.

Ziele machen erfolgreich

Doch es gibt einen Weg hinaus: Wenn wir beginnen, uns zuerst kleine, einfache, aber erreichbare Ziele zu setzen, so können wir auch den Weg zum Erfolg festlegen. Wenn wir das Ziel schließlich erreichen, stärkt dieses Erfolgserlebnis unser Selbstvertrauen. Wir fühlen uns gut und motiviert, wir erhalten neue Energie. Wir bekommen Lust darauf, uns weitere Ziele zu setzen, die wir nun ein kleines bisschen höher stecken können.

Wichtig ist, dass Sie sich die Ziele am Anfang nicht zu hoch stecken. Sie sollen sich schon etwas anstrengen müssen, um Ihr Ziel zu erreichen, aber es muss machbar sein (s. Seite 16).

Es ist übrigens belegt, dass klare, schriftlich festgelegte Ziele Erfolg bringen:

Beispiel: Ziele und Karriere

Eine in den USA regelmäßig durchgeführte Langzeitstudie der Harvard University zum Thema „Werdegang von Studienabgängern über einen sehr langen Zeitraum" zeigt folgende Resultate:

83 % der Studienabgänger hatten keine Zielsetzung für ihre Karriere. Ihr durchschnittlicher Dollar-Verdienst wurde als Vergleichsgrundlage herangezogen.

14 % hatten klare Zielsetzungen für ihre Karriere, hatten sie aber nicht schriftlich festgelegt. Sie verdienten im Schnitt dreimal so viel wie die erste Gruppe.

3 % hatten klare Zielsetzungen für ihre Karriere und hatten diese schriftlich festgelegt – sie verdienten im Schnitt zehnmal so viel.

Vermutlich hätten Sie diese geringe Zahl nicht erwartet, oder? Wenn Sie also jemanden auf der Straße anhalten und ihn fragen: „Haben Sie ein schriftliches Lebens- oder Jahresziel?", dann ist bei 97 % aller Befragten Fehlanzeige.

Die Harvard-Ziel-Studie macht übrigens noch einen weiteren Aspekt deutlich: Schriftlichkeit zwingt zu gedanklicher Klarheit. Wer seine Gedanken nur im Kopf hat, und meint, dies sei ein Ziel, der irrt.

Erstens kommt es anders und zweitens als man denkt

Der Grund, weshalb viele Menschen um Ziele einen großen Bogen machen liegt darin, dass sie in der Vergangenheit enttäuscht wurden. Sie haben sich etwas vorgenommen, dann jedoch haben sich die Dinge völlig anders entwickelt.

Eine Anekdote

Ein Zugreisender steht am Bahnsteig und wartet auf seinen verspäteten Zug. Regen, Schnee und Hagel verschlechtern seine ohnehin schlechte Stimmung noch weiter. Schließlich wendet er sich völlig empört an den InfoPoint: „Wozu gibt es überhaupt einen Fahrplan, wenn sich eh niemand daran hält?" Der Servicemitarbeiter entgegnet daraufhin gelassen: „Woher wüssten Sie, dass dieser Zug 20 Minuten Verspätung hat, wenn wir keinen Fahrplan hätten?"

Diese kleine Anekdote zeigt: Nur wer ein Ziel hat, kann über Abweichungen reden oder erkennen, dass er auf dem falschen Weg ist. Er kann sich von Situation zu Situation neu entscheiden, wie er mit dieser Abweichung nun umgeht. Bestimmte Umstände erfordern manchmal auch eine Anpassung oder grundlegende Änderung des Ziels.

> Unsere Definition für das Arbeiten mit Zielen heißt daher: Abweichungen managen.

Wie Sie Ziele formulieren

Ziele haben viele Kriterien. Zwei davon sind die wichtigsten, aus denen sich alle anderen ableiten lassen:

- Ziele sind messbar.
- Ziele sind machbar.

Messbarkeit

Messbar bedeutet, dass Sie mit Ihren Zielen die sogenannten Polizeifragen – auch „W-Fragen" genannt – beantworten: Wer? Was? Wie viel? Wo? Wann? Warum?

Machbarkeit

Setzen Sie Ihre Ziele zwar hoch und herausfordernd, aber nicht unerreichbar. „If you can dream it, you can do it." – Dieser Satz stimmt so nicht. Jeder Mensch hat seine Grenzen, und die äußeren Umstände erlauben nicht alles. Dies gilt es optimistisch, aber realistisch zu berücksichtigen. Für die meisten Menschen ist es z.B. völlig unrealistisch, in zwei Wochen dauerhaft zehn Kilogramm abnehmen zu wollen. Gleichzeitig unterschätzen viele jedoch, was im Laufe mehrerer Monate oder Jahre alles möglich ist. Erwarten Sie ruhig etwas von sich. Nur wenn Sie sich Großes vornehmen, können Sie auch Großes erreichen.

Formulieren Sie Ihre Ziele positiv motivierend

Um sich optimal auf die Erreichung Ihrer Ziele zu „programmieren", brauchen Sie eine positive und motivierende Formulierung. Durch Verneinungen und negative Ausdrucksweise hemmen Sie sich selbst. Formulieren Sie daher beispielsweise nicht: „Ich will nicht noch dicker werden, als ich eh schon bin", sondern: „Ich werde bis zum Jahresende mein Gewicht von 85 kg halten und bis zum nächsten Sommer auf 80 kg reduzieren."

> „Wer vom Ziel nicht weiß, kann den Weg nicht haben. Wird im Kreise dann all sein Leben traben." *Christian Morgenstern*

Aus Wünschen Ziele formulieren

Sind Formulierungen wie „Ich möchte mehr für meine Weiterbildung tun" oder „Ich will ein besserer Vater sein" schon ein Ziel? Erinnern Sie sich? Die Kriterien sind: Ist es messbar? Ist es machbar? Damit wird klar: Die beiden Formulierungen sind sicher machbar, aber nicht messbar.

Beispiel: Erfolg versprechende Zielformulierungen

Gute Zielformulierungen, die Ihnen helfen, gleich die ersten Schritte zu gehen, wären beispielsweise:

„Ich werde morgen zur Volkshochschule gehen und mir ein aktuelles Programm besorgen. Ich werde mindestens einen Sprachkurs in diesem Jahr belegen und täglich mindestens 15 Minuten dafür üben."

„Ich werde ab sofort jede Woche – komme was wolle – vierzehn Tage im Voraus in meinem Kalender einen Termin für eine Stunde Tennis mit meiner Tochter eintragen. Wir gehen zu Fuß zum Tennisplatz, damit wir uns auf der Strecke ungestört eine halbe Stunde unterhalten können."

Übung: Formulieren Sie aus Wünschen Ziele

Die folgenden Aussagen sind vage Wünsche. Machen Sie daraus echte Ziele:

- Ich möchte irgendwann mal einen Urlaub in Amerika verbringen.

  ____

  ____

- Ich möchte eine Führungsposition in der Firma haben und mehr verdienen.

  ____

  ____

- Ich möchte ein besserer Ehemann werden und mehr für unsere Beziehung tun. Wir reden zu wenig.

  ____

  ____

- Falls ich irgendwann mal Geld haben sollte, will ich einen Mercedes M-Klasse fahren.

  ____

  ____

> Ziele sind messbar und machbar, schriftlich fixiert und motivierend formuliert.

Das Leben vom Ende her denken

Die folgende Übung hilft Ihnen herauszufinden, was Ihnen das Wichtigste im Leben ist und ist eine wichtige Vorübung, um langfristige Ziele zu setzen.

Nehmen Sie sich dafür mindestens 20 Minuten Zeit. Am besten, Sie führen die Übung schriftlich durch. Schreiben Sie Ihre Gedanken und Ergebnisse auf, damit sich Ihr Unterbewusstsein noch intensiver damit befasst und Sie später detailliert auf Ihre jetzigen Ideen zurückgreifen können.

Übung: Trauerrede

Stellen Sie sich vor, in fünf Jahren sind Sie Beobachter einer Beerdigung. Es sind viele Leute erschienen, die alle sehr ergriffen sind.

Sie schweben über dem Geschehen, sehen interessiert in den Sarg und dort drin – liegen Sie. Mehrere Personen halten kurze und ergreifende Nachrufe: einer Ihrer Kollegen, Ihr Chef, Ihr Ehepartner, Ihre Kinder, einer Ihrer Freunde und ein Mitglied Ihrer Gemeinde oder einer sozial aktiven Gruppe, in der Sie sich engagiert hatten. Alle Redner fassen jeweils in wenigen Sätzen das Wichtigste zusammen, was Sie ihnen bedeutet haben.

Notieren Sie: Was würden diese Leute sagen? Was wünschen Sie sich, dass diese Leute von Ihnen sagen? Wie würden die Nachrufe lauten, wenn Sie bis dahin Ihr Leben exakt so weiterlebten wie bisher?

Finden Sie Ihre Lebens- und Jahresziele

Nun geht es darum, daraus Ihr(e) Lebensziel(e) abzuleiten und aktiv zu formulieren. Mit Hilfe der Ergebnisse aus der obigen Übung sind Sie den Antworten auf die folgenden Fragen schon sehr nahe. Fragen Sie sich nun:

- Was will ich in meinem Leben erreichen?
- Welche Träume und Wünsche habe ich?
- Wer sind die wichtigsten Personen meines Lebens?

Überlegen Sie: Widmen Sie diesen Personen, Träumen und langfristigen Zielen die Aufmerksamkeit, die sie verdienen?

Notieren Sie hier Ihr Lebensziel:

____

____

Wichtig ist, dass Sie Ihr Lebensziel (oder Ihre Lebensziele) auch im Alltag nicht aus dem Blick verlieren. Fragen Sie sich daher immer wieder, ob Ihre momentanen Tätigkeiten dazu beitragen, es zu erreichen.

Nächster Schritt: Ziele herunterbrechen

Ihr(e) Lebensziel(e) erreichen Sie nur, wenn Sie kontinuierlich daran arbeiten. Schreiben Sie auf, was Sie dafür konkret tun werden – in den nächsten Tagen, Monaten, in diesem Jahr. Planen Sie dabei von oben nach unten.

Von den Lebenszielen zur Zeitplanung

- Persönlichkeitsanalyse führt zum

  ____

- Was will ich mit meinem Leben erreichen?

  ____

- Was will ich in den nächsten sieben Jahren erreichen?

  ____

- Was will ich im nächsten Jahr erreichen?

  ____

- Was will ich im nächsten Monat erreichen?

  ____

- Was will ich morgen erreichen?

  ____

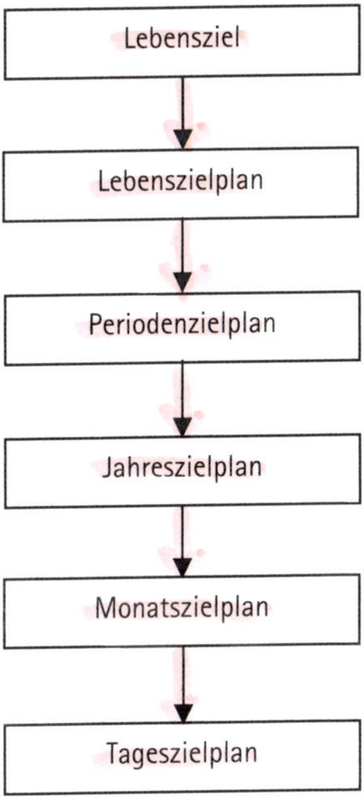

Quelle: www.tempus.de

Wenn wir große Aufgaben in mehrere Etappen mit Zwischenzielen zerteilen, haben wir die „Markierungsbojen in der rauen See“, die uns zeigen, wie weit wir insgesamt gekommen sind und welche überblickbare Teilstrecke wir als Nächstes in Angriff nehmen können. Dies bewahrt uns vor dem Aufgeben.

Ziele – woran Sie denken sollten

1 Sie brauchen kurzfristige Ziele, um zu wissen, was Sie heute tun. Sie brauchen langfristige Ziele, um Ihren kurz- und mittelfristigen Zielen Kontinuität sowie Bedeutung und Ihrem Leben eine Richtung zu geben.

2 Behalten Sie Ihre Ziele nicht nur im Kopf. Schreiben Sie sie auf, am besten in Ihr Zeitplanbuch. Arbeiten Sie daran, eine ausgewogene Zeiteinteilung und Balance für alle Lebensbereiche zu erreichen (mehr dazu ab Seite 37).

3 Konzentrieren Sie sich zu jeder Zeit auf Ihre Ziele. Fragen Sie sich: „Hilft mir das, was ich gerade tue, um meine Ziele zu erreichen?" Wenn nicht, wechseln Sie zu einer anderen Aktivität, die Sie wirklich weiterbringt.

4 Packen Sie jeden Tag zumindest ein wichtiges Ziel an. Hören Sie nicht auf, bevor dieses Tagesziel erreicht ist. So entwickeln Sie in kurzer Zeit die Gewohnheit, Ziele nicht nur zu setzen, sondern auch zu erreichen.

5 Suchen Sie neue Wege zu Ihrem Ziel, wenn Sie aus der Bahn geworfen wurden oder feststellen mussten, dass Sie Fehler in Ihrem Plan hatten.

Das Wesentliche erkennen

Dringendes ist selten wichtig und Wichtiges selten dringend. Deshalb: Lernen Sie, Wichtiges von Dringendem zu unterscheiden. Dabei hilft Ihnen das Pareto-Prinzip.

Die 80/20-Regel nach Pareto

Vilfredo Pareto lebte im 19. Jahrhundert und beschäftigte sich mit Fragen von Reichtum und Einkommen, von Grundstücken und deren Besitzer usw. Er stieß auf eine Tatsache, die ihm höchst bedeutsam erschien. Er entdeckte ein wiederkehrendes mathematisches Verhältnis zwischen dem Anteil von Personen (als Prozentsatz der gesamten relevanten Bevölkerung) und der Höhe des Einkommens oder Reichtums dieser Gruppe. So etwa stellte er fest, dass in verschiedenen Ländern 80 % des Vermögens bei 20 % der Bevölkerung konzentriert waren. Bei Paretos Beobachtung kommt es allerdings weniger auf die genaue Prozentverteilung an als auf die Tatsache, dass die Reichtumsverteilung in der Bevölkerung berechenbar unausgewogen war.

Dieses Phänomen tritt auch in allen anderen Bereichen des Lebens auf und wurde später in Bereiche wie Prozessoptimierung und Zeitmanagement übertragen: Ein typisches Verteilungsmuster zeigt etwa, dass 80 % der Wirkungen durch 20 % der Ursachen bedingt sind, dass 80 % der Ergebnisse auf 20 % der Anstrengungen zurückgehen usw. Diese Regel lässt sich natürlich auch auf die Verteilung unserer Zeit und die erzielten Ergebnisse übertragen.

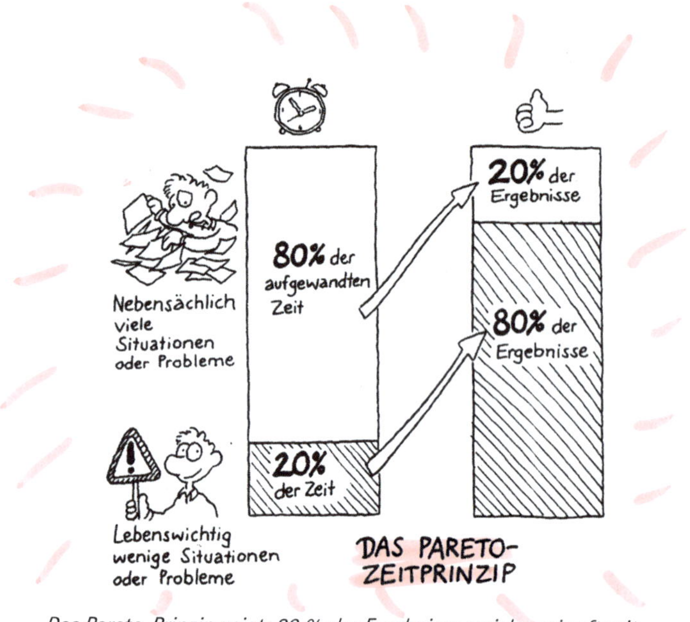

Das Pareto-Prinzip zeigt: 80 % der Ergebnisse erzielen wir oft mit nur 20 % unserer Zeit.

Weitere Beispiele für das Pareto-Prinzip

20 % der Kunden bringen 80 % des Umsatzes.

20 % der Produkte bringen 80 % des Gewinns.

20 % der Teppichfläche erleiden 80 % des Verschleißes.
20 % des Produktionsablaufs generieren 80 % der Fehler.

80 % der Wertschöpfung ergibt sich aus 20 % des Einsatzes, und die verbleibenden 20 % des Wertes kommen von den restlichen 80 % des Einsatzes.

Konzentrieren Sie sich auf die wenigen entscheidenden Dinge. Um im Leben voranzukommen, braucht man nicht alles zu tun und nicht alle Aufgaben zu bewältigen. Filtern Sie die wichtigsten Sachen heraus.

Von der Effizienz zur Effektivität

Effizient sein bedeutet: „Die Dinge richtig tun." Und zwar so, dass wir in der geplanten Zeit zu einem möglichst guten Ergebnis kommen. Das erreichen wir, indem wir notwendige Tätigkeiten durch Optimierung der Arbeitsschritte so gut und schnell wie möglich ausführen.

Effektivität bedeutet: „Die richtigen Dinge tun." Wenn wir eine bestimmte Wirkung/ein Ergebnis erzielen wollen, dann sollten wir das tun, was uns auch direkt dorthin bringt. Wir arbeiten effektiv, indem wir uns zuerst um die wichtigsten Dinge kümmern, anstatt sie in der Flut der anderen Aufgaben untergehen zu lassen. Effektiv arbeiten bedeutet vor allem, sich auf die Aufgaben zu konzentrieren, die die größten Erfolge bringen.

Effizient arbeiten: Tun Sie die Dinge richtig?

Beispiel: Effektiver und effizienter arbeiten

Wenn Sie viele E-Mails schreiben müssen, hilft es Ihnen, wenn Sie das Zehnfinger-System beherrschen, um effizienter zu arbeiten. Auch Schnell- und Querlesetechniken sowie die Signaturfunktion Ihres E-Mail-Clients sparen Zeit beim Abarbeiten der Nachrichten.

Das alles ist wichtig und gut, doch trotzdem sind Sie mit effizientem Arbeiten alleine verloren, wenn Sie nach fünf Wochen Urlaub mehrere hundert neue Nachrichten in Ihrem Posteingangskorb vorfinden. Hier hilft nur noch effektives Abarbeiten: Sie suchen die wichtigsten Nachrichten heraus und bearbeiten diese zuerst. Die restlichen Mails sortieren Sie nach Absender und bearbeiten sie anschließend oder wenn sie relevant werden. Alles, was Werbung ist, löschen Sie sofort; auch Newsletter können Sie löschen oder Sie verschieben sie in einen Ordner, um sie später zu lesen, etc. Diese Selektion fällt unter effektives Arbeiten.

Effektives Arbeiten: Wer das Richtige tut, spart Zeit.

Übung

- Beschreiben Sie zwei Tätigkeiten, bei denen Sie vorwiegend effektiv arbeiten müssen.

  1.______________________________

  2.______________________________

Prioritäten richtig setzen

Prioritäten beinhaltet das lateinische Wort „prio" (vor). Prioritätensetzung heißt, dass Sie sich täglich neu für das entscheiden, was Sie *vor* allem anderen erledigen wollen oder müssen, um Ihre Ziele zu erreichen.

Arbeiten mit dem Eisenhower-Prinzip

Das Eisenhower-Prinzip hilft Ihnen, Ihre Arbeiten systematisch nach Priorität anzugehen. Der erste Schritt dafür ist, zu fragen: Sind die anliegenden Dinge wichtig oder dringend?

Laut Pareto sind 20 % unserer Aufgaben in aller Regel die wichtigen Dinge. 80 % sind eher nebensächliche Dinge. Dummerweise sind diese jedoch meistens dringend.

Wichtige Aktivitäten bringen Sie Ihren Zielen näher. Dringende Aktivitäten erfordern oder binden Ihre unmittelbare Aufmerksamkeit, ohne dabei großen Einfluss auf Ihre Ziele zu haben. Ihre Aktivitäten und Aufgaben mit der größten Wichtigkeit, dem größten Einfluss auf Ihre Erfolge und das Erreichen Ihrer Ziele dürfen niemals aufgeschoben werden, um unwichtigeren Dingen den Vorrang zu geben.

Doch leider haben wir alle eine Tendenz in uns, zuerst die Nebensächlichkeiten anzugehen. Die auf dem Schreibtisch liegenden Drucksachen sind viel verlockender als das seit Tagen verschobene entscheidende Projekt.

Finden Sie deshalb vor allem diejenigen Aufgaben heraus, die den größten Einfluss auf Ihre Erfolge haben. Dabei helfen Ihnen Prioritäten.

> Um bessere Ergebnisse zu erreichen, müssen Sie mehr Zeit mit den wichtigen Aufgaben verbringen.

Kleiner Test: Wichtig oder dringend?

Kreuzen Sie an (nur eine Antwort ist möglich):

1 Sie haben sich vorgenommen, an Ihren Jahreszielen zu arbeiten. Diese liegen jedoch immer noch in der Schublade.
☐ Wichtig oder ☐ dringend?

2 Soeben wurde die Zeitung angeliefert. Die Zeitung gleich zu lesen, ist das
☐ wichtig oder ☐ dringend?

3 Einmal im Jahr haben Sie sich vorgenommen zum Zahnarzt zu gehen. Das Jahr ist vorüber und sie waren noch nicht da.
☐ Wichtig oder ☐ dringend?

Lösung: Frage 1: wichtig, Frage 2: dringend, Frage 3: wichtig.

Aktivitäten nach Prioritäten einteilen

Das Eisenhower-Prinzip kombiniert nun beide Kriterien – wichtig und dringend –, sodass vier Prioritätsklassen entstehen. Für Ihre Planung müssen Sie alle anstehenden Aufgaben analysieren und einordnen. So bekommen Sie eine Rangfolge, was wann und wie abzuarbeiten ist.

Das Eisenhower-Prinzip

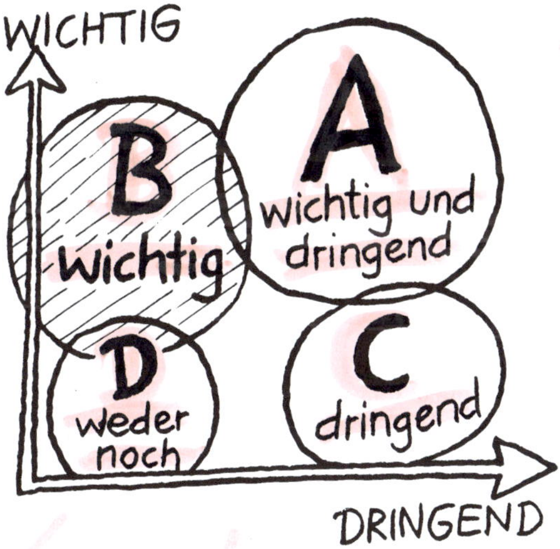

Das Eisenhower-Prinzip hilft, Prioritäten richtig zu setzen.

So sieht die Eisenhower-Rangfolge aus

A-Priorität: Das sind Dinge, die noch heute erledigt werden müssen, weil sie dringend und wichtig sind (z.B. Krisen).

B-Priorität: Dinge, die wichtig sind, aber nicht unbedingt heute erledigt werden müssen. Nehmen Sie sich regelmäßig Zeit für die Bearbeitung Ihrer B-Aufgaben und setzen Sie sich dafür Termine. Denn B-Aufgaben verursachen Ihren Erfolg und bringen Sie Ihren Zielen näher.

Oft werden B-Aufgaben auf die lange Bank geschoben – weil sie eben nicht dringend sind. Doch eine frühzeitige Erledigung Ihrer B-Aufgaben lässt manches Problem gar nicht erst entstehen.

Beispiel: B-Aufgaben

Der Bericht für die Vorstandssitzung, der Ihnen die Beförderung einbringen könnte und einen Monat Zeit hat, wird zur Krise, wenn Sie erst in den letzten zwei Tagen alles hektisch zusammenschustern.

Eine B-Aufgabe für jemanden, der viele Schriftstücke verfasst, könnte sein, das Zehnfinger-System zu erlernen. Auch wenn dies 30 Stunden Zeit erfordert – durch das schnellere Tippen spart man in Zukunft viel Zeit, und zwar umso mehr, je eher man mit dem Lernen des Systems beginnt.

Ähnliches gilt für Kundenumfragen, um Produkte zu verbessern und damit den Absatz sowie die Kundenzufriedenheit zu erhöhen.

Eine B-Aufgabe im Privatbereich ist der regelmäßige Gesundheitscheckup beim Arzt, der hilft, spezifische Risiken zu erkennen und ernsteren Erkrankungen mit unter Umständen mehreren Wochen Arbeitsunfähigkeit als Folge vorzubeugen.

C-Priorität: Dinge, die anscheinend dringend sind, aber nicht wichtig. Hier gilt: Ruhig bleiben und wo möglich delegieren oder nein sagen. Damit gewinnen Sie Zeit für Ihre wichtigen B-Aufgaben, die sonst untergehen.

D-Priorität: Das sind Dinge, die weder wichtig noch dringend sind – Sie können sie getrost dem Papierkorb anvertrauen oder, wenn es um Termine oder Aufgaben geht, absagen bzw. delegieren. Entscheiden Sie sich höchstens bewusst und zeitlich begrenzt für die D-Aufgaben, die Ihnen Erholung und Entspannung an einem stressigen Tag bieten.

Beispiel: Prioritätenliste eines Produktmanagers

Priorität A: Projekt mit anstehendem Abgabetermin, Fehler in Produktionsstraße vor Marktstart des Neuprodukts und Problem Auslieferung lösen.

Priorität B: neue Produkte planen, Verkaufszahlen prüfen und analysieren, aktive Erholung, Networking, wichtige Großkundenanfrage beantworten.

Priorität C: Rechnungen prüfen sowie weiterleiten, weniger wichtige Berichte lesen, einige Post; Umlauf, Entwerfen einer Anzeige für Praktikumsplatz, Produktionsdaten in Form von Diagrammen aufbereiten, Fotos für die Projektpräsentation raussuchen und die Texte grafisch auflockern.

Priorität D: Werbepost, unaufgefordert eingesandte Angebote für nicht benötigte Produkte und Dienstleistungen, von Herrn Weber gewünschtes Treffen zum Erfahrungsaustausch, Ketten-E-Mails mit Witzvideos angucken, verschiedene Landschaftsfoto-Bildschirmschoner durchprobieren.

Prioritäten setzen – so machen Sie es richtig

1. Teilen Sie jede Ihrer Aufgaben in die Prioritätenklassen A, B, C und D ein. Durch diese Analyse trennen Sie die Spreu vom Weizen.
2. Denken Sie daran: Wichtigkeit und Dringlichkeit sind grundverschieden. Wichtiges bringt Sie Ihrem Ziel näher,

ohne aktuell dringend zu sein, Dringliches erfordert hingegen Ihre unmittelbare Aufmerksamkeit.

3 Beachten Sie die Vorfahrtsregel: Wichtigkeit geht vor Dringlichkeit. Nicht alles, was eilig ist, muss auch erledigt werden. Nur so schaffen Sie es, sich nicht länger dem Diktat der Dringlichkeit zu unterwerfen. Die Gefahr besteht darin, sich in zu vielen dringlichen, aber relativ unwichtigen Aktivitäten zu verzetteln.

4 Praktisch heißt das für Ihre Zeitplanung: Versuchen Sie immer an der Nummer 1 Ihrer Aufgaben, Ihrer A-Aufgabe, zu arbeiten – nicht an der Nummer 3 oder 4, ganz egal, wie viel mehr Spaß diese Aufgaben vielleicht machen. Wenn Sie mit Ihrer A-Aufgabe am Ende des Tages nicht fertig geworden sind, machen Sie am nächsten Tag weiter. Machen Sie vorher nichts anderes.

5 Arbeiten Sie jeden Tag an einer langfristigen B-Aufgabe. Sie müssen neben Ihrem Tagesgeschäft auch an die „strategisch" wichtigen Aufgaben und Ziele denken. Nur so verursachen Sie bereits heute Ihre Erfolge von morgen! Lebensrollen, die wir im Rahmen von Balance (Seite 37) genauer erläutern werden, und das Kieselprinzip im Rahmen der Wochenplanung (Seite 63), helfen Ihnen dabei.

Machen Sie sich klar, dass Sie nie genug Zeit haben werden, um all das zu tun, was Sie alles tun könnten und was andere gerne von Ihnen wollen. Sorgen Sie dafür, dass Sie Ihre Zeit nutzen, um das zu tun, was Ihnen am wichtigsten ist und Sie Ihren Zielen näher bringt. Die Zeit dafür können Sie nur dadurch gewinnen, dass Sie nein zu den unwichtigeren Dingen sagen und sie unterlassen.

Test: Setzen Sie die richtigen Prioritäten?

Zum Abschluss können Sie nun noch analysieren, wie Sie Ihre Prioritäten setzen. Achten Sie darauf: Nur Ihre wirklich wichtigsten Anliegen sollen A- und B- Priorität erhalten!

1 Wie viel Prozent Ihrer Zeit verbringen Sie in welchem der vier Kreise (A, B, C, D, siehe Grafik Seite 29)?
A: __________ %
B: __________ %
C: __________ %
D: __________ %

2 In welchem Quadranten würden Sie Ihre Tätigkeiten des nächsten Tages einordnen?
1. ____________________________ = _____-Priorität
2. ____________________________ = _____-Priorität
3. ____________________________ = _____-Priorität
4. ____________________________ = _____-Priorität

3 Schreiben Sie nun noch auf, was Sie reduzieren wollen und welchen wichtigen Tätigkeiten oder Personen Sie dafür mehr Zeit einräumen wollen. ______________________
Ich reduziere: ______________________________________
____
Dafür: ____
____
____

Erfolgreich nein sagen

Leider gibt es viele Situationen, in denen uns andere Leute ohne triftigen Grund Zeit rauben. Vielleicht will Ihr Kollege nur mal ein Schwätzchen halten, weil er gerade Zeit hat. Oder Sie sollen für andere etwas erledigen, was eigentlich nicht Ihre Aufgabe ist. Dagegen müssen Sie ankämpfen – zumindest, wenn Ihnen das belanglose Gespräch oder die Hilfe im Moment nur wertvolle Zeit raubt.

Natürlich sollen wir Zeit haben, wenn jemand etwas Wichtiges von uns will oder uns braucht. Doch Hilfsbereitschaft findet ihre Grenze, wenn ein anderer Sie nur für seine Ziele einspannt. Oder wenn Sie vor lauter Hilfsbereitschaft nicht mehr zu Ihren eigenen Dingen kommen. Wenn Sie nur noch ja und nicht mehr nein sagen, werden Sie keine Zeit mehr finden, um die Ihnen aufgetragenen Dinge oder Ihre eigenen Ziele zu verwirklichen.

Das Wörtchen „nein" ist somit das zeitsparendste Wort, das es gibt. Seien Sie mutig! Sagen Sie bewusst nein, wenn jemand etwas von Ihnen will, das Sie im Moment blockiert. Wenn es die Sache wert ist, machen Sie einen Termin aus.

Aber üben Sie vorher Ihr Nein so zu sagen, dass es niemanden verletzt. Dies geschieht am einfachsten, indem Sie Ihrem Gegenüber signalisieren, dass Sie Interesse an seinen Zielen haben, aber ihm gleichzeitig erklären, dass Ihre jetzige Aufgabenstellung Ihr Engagement nicht (mehr) oder im Moment nicht zulässt.

Mit einem Nein zur rechten Zeit schützen Sie sich vor Überlastung.

Übungsaufgabe

1 Klären Sie für sich: Worin könnten die allgemeinen Gründe liegen, warum Sie nicht nein sagen können oder wollen? Was sind Ihre persönlichen Gründe oder Ihre Ängste, die Sie daran hindern nein zu sagen?

2 Umsetzung: Wie können Sie nein sagen, so dass es von Ihren Vorgesetzten, Kollegen oder Mitarbeitern akzeptiert wird? Dazu können Sie mit Freunden oder Kollegen in einem kleinen Rollenspiel einmal üben nein zu sagen. Wählen Sie dazu eine beispielhafte Situation aus Ihrem (Berufs-)Alltag, in der Sie künftig tatsächlich nein sagen wollen. Überlegen Sie sich vorher gute Gründe für Ihre Absage.

Eine Faustregel im Zeitmanagement lautet: Nein sagen, wenn möglich, ja sagen, wenn nötig.

Die Balance im Leben finden

Um Spitzenleistungen zu erbringen brauchen Sie ein Leben in Balance. In diesem Unterkapitel geben wir Anregungen, wie man trotz zunehmenden Drucks und Turbulenzen ausgeglichen leben kann.

Übrigens, auch Prof. Dr. Lothar Seiwert, Europas führender Experte für Zeitmanagement und Lifeleadership®, sieht Balance als den wesentlichen Faktor an, auf dem effektives Zeitmanagement aufbaut.

Wo bin ich Druck ausgesetzt?

Die Frage: „Wer oder was macht mir Druck?" ist nur persönlich zu lösen. Überlegen Sie doch einmal, was Sie belastet:

- Konflikte mit Kollegen
- Konflikte mit Vorgesetzten
- Arbeitssituation (zu viel, zu wenig Belastung etc.)
- finanzielle Situation
- Zeitproblem, zu viele Aufgaben
- Krankheit
- Konflikte in Beziehungen etc.

Tragen Sie in der Liste auf der nächsten Seite ein, in welchen Lebensbereichen Sie Druck oder Defizite verspüren.

Wenn Sie sich die Ergebnisse so anschauen: Können Sie mit all diesen Dingen leben? In Balance leben? Oder kommt hier ein großes Ungleichgewicht zum Vorschein?

Meine Umwelt und ich: Wo liegen Belastungen vor?	
▪ Arbeit	
▪ Familie, Freunde	
▪ Körper und Gesundheit	
▪ Seelischer Ausgleich	
▪ Finanzen	

Durch die richtige Balance aller Lebensbereiche fühlen Sie sich nicht nur ausgeglichener, sondern sind in allen Bereichen leistungsfähiger. Wenn kurzfristig starke Belastungen in einem Bereich an Ihren Nerven zerren, können Sie dies durch die aus anderen Bereichen gezogene Energie wieder ausgleichen.

Die Lebensrollen in Einklang bringen

Um auch in der Hektik des Alltags genug Zeit und Kraft für alle Lebensbereiche zu haben und sich auf Ihre Schlüsselaufgaben zu konzentrieren, hilft Ihnen das Konzept der Lebensrollen. Eine Lebensrolle ist nichts anderes als ein Bereich Ihres Lebens, für den Sie Verantwortung tragen. Langfristig müssen Sie sich um jeden Bereich kümmern, und zwar regelmäßig. Größere Defizite in einem Bereich wirken sich sonst nach einiger Zeit auch auf Ihre Zufriedenheit und Leistungsfähigkeit in allen anderen Bereichen aus.

Die vier Bereiche für ein ausgewogenes Leben sind:

- Beruf,
- Kontakt (Partner, Kinder, Freunde),
- Sinn und
- Ich (Sport, Hobbys, persönliche Weiterentwicklung außerhalb des beruflichen Bereichs etc).

Füllen Sie nicht mehr als sieben Rollen aus

Finden Sie Ihre sieben wichtigsten Lebensrollen – mehr sollten es nicht sein, denn sonst können Sie nicht alle gleich gut ausfüllen. Sorgen Sie dafür, dass für Ihre Balance alle Lebensbereiche vertreten sind.

Beispiele für Lebensrollen sind:

- Vorgesetzte/r, Kollege/in, Abteilungsleiter/in, Betriebsrat, Teamleiter/in etc.

- Tochter, Sohn, Freund/in, Ehemann, Ehefrau, Mutter, Vater, Großmutter, Pate/Patin;
- Hobbygärtner, Tennispartner, Schatzmeister, Vereinsvorsitzender, Helfer beim Roten Kreuz.

Bedenken Sie: Sie sind auch noch für Ihre Finanzen und Ihre Gesundheit, für Ihre Erholung sowie Ihr seelisches Gleichgewicht verantwortlich.

Erstellen Sie Ihren „Masterplan"

Am besten, Sie halten Ihre Lebensrollen und die damit verbundenen Ziele in einem Masterplan fest.

Nehmen Sie sich für das Ausfüllen des Masterplans (siehe rechte Seite) mindestens 15 Minuten Zeit. Den Masterplan sollten Sie mindestens einmal jährlich – zum Beispiel irgendwann rund um Ihren Geburtstag – in die Hand nehmen und überarbeiten:

1. Ziehen Sie noch einmal Ihre Ergebnisse aus der Formulierung Ihres Lebensziels heran (Seite 20).
2. Bestimmen Sie Ihre Lebensrollen.
3. Bestimmen Sie dann ein Ziel für jede Ihrer Lebensrollen, das mit Ihrem Lebensziel in Einklang steht.
4. Suchen Sie sich jede Woche je Lebensrolle mindestens eine B-Aufgabe, der Sie mindestens 90 Minuten widmen.

Solange wir unsere Lebensplanung nicht überdacht und festgelegt haben, können wir auch keine Verantwortung übernehmen. Solange wir nur mit verschwommenen Lebenszielen operieren, werden wir dramatische Umwege machen. Wir werden Enttäuschungen erleben, Kraft einbüßen und sehr viel Zeit verlieren. Planen Sie deshalb Ihr Leben! Formulieren Sie aus Wünschen Ziele und beginnen Sie damit, darauf hinzuarbeiten!

Masterplan – ein Beispiel

Lebensrollen	(Lebens-)Ziel	Jahresziele
1 Projektleiter	Coach für Projektleiter werden (inhouse oder selbstständig)	Projekt X erfolgreich abschließen; Leitfaden erstellen
2 Mitglied im Qualitätszirkel	Zusatzwissen Qualitätsmanagement	Wochenendseminar
3 Ehemann	Gemeinsam gute Zeit und sorglosen Lebensabend verbringen	gemeinsame Reise nach Indien
4 Vater	Meine Kinder nach ihren Anlagen fördern	Luise bei Bewerbung unterstützen, Christian musikalisch fördern
5 Vorsitzender Schachclub	Schachjugend aufbauen und fördern	finanzielle Unterstützung eines Turniers

Masterplan – ein Beispiel		
Lebensrollen	**(Lebens-)Ziel**	**Jahresziele**
6 Hobbykoch	ein Kochbuch mit Rezepten aus allen Erdteilen publizieren	ayurvedische Küche im Ursprungsland erlernen
7 Kirchengemeinderat	Aufbau eines Bildungswerks	zwei Gemeindemitarbeiter coachen

Warum über den Sinn nachdenken?

Warum und wofür schuften Sie sich täglich ab? Um irgendwann einen Mercedes M-Klasse zu fahren? Oder weil es Ihnen Spaß macht, Menschen zu trainieren? Oder weil Sie gerne für andere die besten und zuverlässigsten Notebooks bauen? Oder weil Sie schon immer als Redakteur einer Tageszeitung täglich die wichtigsten Neuigkeiten recherchieren und kurz, prägnant und objektiv darstellen wollten?

Die Sinnfrage ist ein ganz wichtiger Aspekt des Zeitmanagements: Sie ist entscheidend für unsere Arbeitsmotivation und damit für unsere Leistung. Sie ist wichtig, damit wir nicht irgendwann merken, unsere bisherige Lebenszeit für etwas vertan zu haben, was uns im großen Überblick zwecklos erscheint. Die durchschnittliche Motivation durch eine Gehaltserhöhung hält in den reicheren Nationen etwa zwei Wochen an (sofern der allgemeine Lebensstandard gesichert ist). Viele Mitarbeiter von Hilfsorganisationen wie dem Roten Kreuz oder Helfer bei Flutkatastrophen, die selbst nicht betroffen sind, leisten oftmals Erstaunliches ganz ohne Bezahlung – einen Sinn hinter unserem Tun zu sehen, für den sich alle Mühen lohnen, setzt beträchtliche Energien frei.

Vor allem aber müssen wir die Antwort auf die Sinnfrage kennen, damit uns in Krisenzeiten nicht der Boden unter den Füßen weggerissen wird. Wenn der Arbeitsstress unerträglich scheint oder einschneidende Ereignisse uns aus der Bahn zu werfen drohen, brauchen wir eine Antwort auf die Sinnfrage, um wieder aufzustehen und in der Spur zu bleiben. Spätestens wenn schwere Krankheiten, Misserfolge, Beziehungskrisen oder der Tod eines geliebten Menschen unerwartet ins Leben einbrechen, stellt sich die Sinnfrage – wenn man ihr vorher ausgewichen ist oder sich die bisherige Antwort als nicht tragfähig herausgestellt hat.

Betrachten wir es noch mal von der praktischen Seite: Wenn Sie über Ihre Ziele nachdenken (Seite 12) – für die Sie ja eine bestimmte Zeit opfern wollen –, treffen Sie zunächst eine ganz persönliche Entscheidung. Diese Entscheidung hängt von Ihren Werten ab, die für Sie „Sinn machen." Sie wollen etwa mehr für Ihre Familie da sein, weil die Liebe zu und die verbrachte Zeit mit Ihrem Partner und Ihren Kindern Ihrem Leben Sinn verleiht. Dann werden Sie Wege und Methoden finden, um sich die Wochenenden frei zu halten.

> „Denn was hilft es einem Menschen, wenn er die ganze Welt gewinnt und seine Seele verliert?" *Bibel*

Warum und wofür leben Sie?

Jostein Gaarder stellt in seinem berühmten Buch „Sofies Welt" folgende Fragen:

- Wie wird die Welt erschaffen?
- Liegt hinter dem, was geschieht, ein Wille oder Sinn?
- Gibt es ein Leben nach dem Tod?
- Wie sollten wir leben?

Was ist Ihre Meinung dazu? Schreiben Sie die Gedanken auf. Stellen Sie sich die Fragen: Ist das Leben sinnlos? Ist ein Sinn vorgegeben? Welcher? Wie definiere ich den Sinn?

Ob Sie an Gott oder eine andere höhere Macht glauben, oder ob Sie dies nach reiflicher Überlegung nicht tun – was auch immer Sie für einen Sinn im Leben sehen, finden Sie die Antwort auf diese Frage! Manche schieben diese Frage Jahre oder Jahrzehnte vor sich her. Aber irgendwann kommt der Zeitpunkt, an dem wir dringend eine Antwort brauchen. Und es wäre schade, wenn wir uns dann fragen: Warum erkenne ich das jetzt erst? Beantworten Sie diese Fragen also – nach reiflicher Überlegung – bald!

> Den Antworten nach dem Lebenssinn können Sie auf vielfältige Art näher kommen: Indem Sie sich z.B. selbst über Ihre Werte Gedanken machen und sie niederschreiben, indem Sie mit anderen darüber sprechen, die Bibel oder andere religiöse oder philosophische Bücher lesen, indem Sie in sich gehen in Gebet oder Meditation.

Wie Burn-out vorbeugen?

Die seelisch bedingte Müdigkeit

Es gibt eine Müdigkeit, gegen die kein Ausschlafen und kein Urlaub mehr hilft. Diese seelische Müdigkeit ist nicht mit negativem Stress zu verwechseln. Stress resultiert aus körperlichen Fehlreaktionen, die dann eintreten, wenn wir uns den Anforderungen einer bestimmten Situation nicht gewachsen fühlen – geistig oder auch körperlich.

Situationen, in denen Stress auftritt, sind typischerweise schwierige Prüfungen, aber auch die Überlastung mit zu vielen Aufgaben oder mit einer zu schwierigen Aufgabe bei gleichzeitig hohem Druck von außen. Es können aber auch Anforderungen sein, die unsere körperlichen Fähigkeiten überfordern, etwa eine besonders steile Passage auf einer Bergtour, für die uns jegliche Erfahrung fehlt. Ausgelöst werden kann Stress also durch Angst und/oder Überlastung.

Unter dem sogenannten Burn-out-Syndrom hingegen verstehen Experten ein Ausgebranntsein auf Dauer. Burn-out kann durchaus auch eine Folge von lang anhaltendem Stress sein. Es ist aber anders als Stress vor allem eine psychische Überlastung, die von einem Fehlen jeglicher Motivation und Lust begleitet ist. Wer ausgebrannt ist, dem erscheint das Leben als wertlos, der sieht in nichts mehr einen Sinn. Ausgebrannte Menschen sind meist nicht mehr arbeitsfähig; sie kommen an ihre ursprünglichen geistigen oder körperlichen Leistungen nicht mehr heran. Ihnen ist jede Kreativität verloren gegangen, ihnen macht nichts mehr Spaß.

Umso wichtiger, diesem gefährlichen Syndrom, das in unserer Arbeitswelt gar nicht so selten auftritt, vorzubeugen. Wenn Sie für sich den Sinn gefunden haben, Ihre Arbeit Ihren Werten nicht widerspricht und wenn Sie Balance in Ihrem Leben schaffen (siehe Seite 37), dann haben Sie bereits wichtige Maßnahmen getroffen, mit denen Sie Burn-out vorbeugen.

15 Minuten täglich für mehr Lebensqualität

Wenn Sie sich oft gehetzt fühlen, sollten Sie versuchen, täglich eine Auszeit zu nehmen:

- 15 Minuten Stille oder Meditation täglich sind eine Möglichkeit, Ballast wegzuschaufeln und den Blick wieder frei zu machen für die Außenwelt.
- Entspannungstechniken wie z.B. die progressive Muskelentspannung nach Jacobson helfen Ihnen abzuschalten, und geben wieder neue Kraft für den Rest des Tages.

Die Säge schärfen

Um auch längerfristig nicht auszubrennen, empfehlen wir Ihnen eine regelmäßige Tätigkeit, die wir „die Säge schärfen" nennen. Der Name kommt von dem blöden Witz mit dem Waldarbeiter, der seit Stunden pausenlos Bäume sägt. Ein vorbeikommender Trapper guckt eine Stunde zu und meint: „Entschuldigung, würden Sie nicht schneller vorankommen, wenn Sie einmal innehalten, etwas trinken und dann Ihre inzwischen völlig stumpfe Säge schärfen?" Da antwortet der Waldarbeiter: „Das geht nicht. Ich habe keine Zeit für solche

Spielchen. Ich bin zu beschäftigt mit Sägen, ich bin bereits hinter dem Zeitplan."

> Diese Anekdote spiegelt ein Phänomen wider, dem wir im Berufsleben häufig begegnen. Ein Phänomen, das wieder viel mit Effektivität und B-Aufgaben zu tun hat – Sie erinnern sich: zur rechten Zeit das Richtige tun.

Übertragen auf das Zeitmanagement kann die Anekdote aber auch bedeuten: Planen Sie regelmäßig Zeit, um Ihre „Säge zu schärfen". Achten Sie nicht nur darauf, Ihre Kräfte schonend einzusetzen, sondern tanken Sie vor allem Ihre Energien rechtzeitig auf – bevor Sie sich völlig verausgabt haben und „abstumpfen". Regelmäßige Bewegung zwischendurch und leichter Ausdauersport – am besten dreimal wöchentlich eine halbe Stunde lang – fördern nicht nur die allgemeine Gesundheit, sondern auch den Geist und unsere Leistungsfähigkeit.

Neben Ruhe und Sport (sofern Sie nicht bereits im Beruf viel körperlich arbeiten) sollten Sie sich auch ausgleichende Tätigkeiten gönnen, die Ihren geistigen Horizont erweitern: Falls Ihr Beruf nicht bereits mit viel Lernen verbunden ist, könnten Sie etwa eine neue Fremdsprache erlernen, die Sie gerne beherrschen möchten. Oder Sie erforschen die Geschichte und Geographie Australiens. Lernen Sie eine neue Fähigkeit, wie Kuchenbacken oder Klavierspielen. Oder betreiben Sie „Gehirnjogging" mit Logikknobelheften. Was auch immer – Hauptsache, es macht Ihnen Spaß und hilft Ihnen, sich zu regenerieren.

Gönnen Sie sich einen Ruhetag

„Ich arbeite normal 18 Stunden am Tag, sonntags arbeite ich nur sechs Stunden." So lautete die Beschreibung eines Unternehmers unter unseren Seminarteilnehmern zur Frage, wie er den Sonntag nutzt. Wie fängt der Sonntag bei Ihnen an? Mit der Sonntagszeitung vom Zeitungsmann? Mit der Arbeit, die die letzten Tage liegen geblieben ist?

Manche Menschen empfinden den Sonntag oder Feiertage als langweilig, öde und deprimierend. Weil sie sonst nur arbeiten und den Stress brauchen oder aus welchen Gründen auch immer. Schade, denn wir finden, der Sonntag ist die Chance, sich wirklich auszuruhen und Abstand zu nehmen. Immerhin garantiert der Staat an diesem Tag die äußere Ruhe. Für die innere Ruhe sind wir selbst zuständig. Nicht rastloser Übereifer ist angesagt, sondern ein echter Ausgleich – ob allein, mit Freunden oder mit der Familie.

> Überlegen Sie: Wie können Sie sich freimachen, um Kraft zu tanken für sechs arbeitsreiche Tage, die dann wieder vor Ihnen liegen? Was entspricht Ihnen und bringt Ihnen gleichzeitig den Ausgleich, den Sie dringend brauchen, damit Sie Ihre Aufgaben auch schaffen, ohne irgendwann ausgebrannt zu sein?

So planen Sie Ihre Aufgaben und Ihre Zeit

Planen ist nicht jedermanns Sache. Und man kann es mit der Planerei auch übertreiben. Doch schon mit ein paar einfachen Planungstechniken können Sie sich viel Zeit und Ärger ersparen.

In diesem Kapitel lernen Sie, wie Sie:

- durch Planen Zeit gewinnen (S. 50),
- Ihren Zeitbedarf und Ihr Zeitbudget ermitteln (S. 53),
- Ihre Tages- und Wochenplanung realisieren (S. 57/63),
- mit Checklisten arbeiten (S. 66) und
- Zeitplanbücher und Smartphones einsetzen (S. 69).

Durch Planung Zeit gewinnen

„Wer viel plant, kommt unter die Tyrannei des Terminkalenders." – „Manchmal ist es mir zu viel, alles aufzuschreiben. Warum es nicht lieber gleich tun? Außerdem will ich mich nicht immer festlegen. Schriftliche Planung tötet jede Spontaneität."

Diese Vorwürfe werden häufig erhoben. Aber sie stimmen nicht. Wer richtig plant, gewinnt Zeit für Ungeplantes, Kreativität und andere Aufgaben. Wer plant, kann letztlich auch spontaner agieren.

Viele von uns planen allerdings nicht, weil sie zu tätigkeitsorientiert sind. Am Ende geraten sie immer wieder unter Druck und bewegen sich im Bereich vieler A-Aufgaben, die sie durch rechtzeitiges Erledigen der B-Aufgaben hätten vermeiden können. Vielleicht brauchen manche Menschen den Adrenalinkick, den das „Feuerlöschen" einer Krise mit sich bringt. Oder es erscheint ihnen wesentlich spannender und macht mehr Spaß als vorheriges Planen und rechtzeitige Erledigung. Doch Sie sollten sich darüber im Klaren sein: Beim Feuerlöschen reagieren Sie bloß und können nichts mehr steuern. Zudem kosten solche Aktionen in der Regel nicht nur viel Energie, sondern auch mehr Geld als ein geregeltes und geplantes Routine-Vorgehen.

Planung ist der beste Weg, um aus dem Verhaltensmuster des bloßen Reagierens herauszukommen und die Dinge rechtzeitig zu erledigen, damit es erst gar nicht zur Krise kommt.

Wer genügend Zeit in die Planung steckt, braucht weniger Zeit zur Durchführung und gewinnt insgesamt mehr Zeit.

Je komplexer und je umfassender übrigens eine Aufgabe oder ein Projekt ist, umso mehr Zeit sollten Sie für die Planung investieren. Denn je besser die Planung ist, desto mehr Zeit sparen Sie hinterher bei der Durchführung. Auch sinkt durch gute Planung die Fehlerrate oft beträchtlich.

Warum schriftlich planen?

Durch schriftliches Planen wird Ihr Kopf frei für das, was aktuell ansteht:

- Sie vergessen nichts mehr.
- Sie schließen einen Vertrag mit sich selbst und tun die Dinge dann auch eher.

- Planung macht Sie berechenbarer für Partner, mit denen Sie im Team zusammenarbeiten.
- Nur eine schriftliche Planung ermöglicht Ihnen Rückblick und Kontrolle. Und das ist die Grundlage für die Optimierung der eigenen Arbeitsweise.

Gewöhnen Sie sich an, mit Hilfe schriftlicher Planung Prioritäten abzuwägen. Berücksichtigen Sie dabei aber Stärken und Schwächen Ihrer Persönlichkeit.

Passen Sie die Methoden an

Dem einen fällt das überlegte Planen leichter als dem anderen. Wichtig ist: Vergewaltigen Sie sich nicht durch eine Methode, die Ihnen nicht liegt. Probieren Sie die von uns vorgeschlagenen, bewährten Methoden aus. Passen Sie sie dann an Ihre individuellen Bedürfnisse an, nachdem Sie sie beherrschen und einige Erfahrungen damit gemacht haben. Dies gilt sowohl für die Technik als auch die Hilfsmittel.

Beispiel

Vielleicht können Sie mit einer großen Pinnwand und bunten Zetteln oder einem Mind-Mapping-Programm für Ihren PC besser planen als auf einem normalen Blatt Papier. Vielleicht hilft es Ihnen, bereits morgens auch die kleinste Aufgabe genau zu planen. Oder kommen Sie weiter, wenn Sie morgens nur Ihre fünf wichtigsten sowie die strategischen Aufgaben planen? Sind Sie morgens schon voll leistungsfähig für die Tagesplanung und erhalten Sie dadurch gleich einen Motivationsschub für die Aufgaben? Oder bevorzugen Sie eine abendliche Rückschau, an die Sie wohl überlegt die Planung des Folgetages anschließen?

Grundregeln des Planens

Auf folgende Grundregeln sollten Sie bei jeder Planungstätigkeit achten:

- Keine Planung ohne Termin.
- Oberstes Planungsprinzip ist die Schriftlichkeit.
- Notieren Sie alle Aktivitäten, Aufgaben und Termine sofort in Ihrem Zeitplanbuch oder auf Listen. Nur so behalten Sie in jeder Situation den Überblick und können sich auf das Wesentliche konzentrieren.

Näheres dazu erfahren Sie in den folgenden Kapiteln.

> Sie sollten Ihre geistigen Kapazitäten nicht mit Aufgaben belegen, die auch ein Zeitplanbuch oder ein elektronischer Planer übernehmen können. Planen Sie schriftlich und halten Sie so Ihren Kopf für die wichtigen Dinge frei!

Zeitbedarf und Zeitbudget ermitteln

Wie viel Zeit verplanen?

Verplanen Sie nur einen bestimmten Teil Ihrer Arbeitszeit, erfahrungsgemäß ca. 60 %. Die anderen 40 % sollten Sie für Unerwartetes, vor allem Störungen und Zeitfresser, freihalten, damit nicht der Rest Ihrer Planung aus dem Lot gerät. Außerdem kommen Sie so auch nicht in Schwierigkeiten, wenn eine Aktivität mal etwas länger dauert als geplant.

Die 60:40-Regel

Arbeitszeit	
verplant für Aufgaben: 60 %	unverplant für Unerwartetes: 40 %

Bei einem Zehnstundentag bedeutet 60:40, dass Sie am Morgen etwa sechs Stunden des Tages realistisch verplant haben. Die weiteren vier Stunden halten Sie für unerwartete Ereignisse und Verzögerungen frei, um flexibel reagieren zu können. Wenn keine unerwarteten Dinge passieren, arbeiten Sie einfach die nächste Aufgabe Ihrer To-do-Liste ab, die nun erste Priorität hat. (Wie eine solche To-do-Liste aussieht, lesen Sie ab Seite 62.)

Vorbereitende Fragen zu Ihrer Planung

1 Wie viel Zeit der 60 % können Sie noch selbst verplanen? Wie viel ist bereits durch feste Termine und Anordnungen des Chefs vorgegeben? Schätzen Sie Ihre Prozentverteilung!

2 Identifizieren Sie wichtige Zeitfresser: Welche Art von Menschen, Aufgaben oder Situationen „wollen" oft unerwartet etwas von Ihnen? Gibt es eine Gesetzmäßigkeit dahinter? Welche?

3 Führungskräfte können in der Regel ihre Zeit freier und selbstständiger verplanen als z.B. Hotline-Mitarbeiter; dafür haben sie auch mehr unerwartete Ereignisse. Legen Sie

gegebenenfalls einen eigenen Schlüssel für sich fest, der zu Ihrem Arbeitsumfeld und Aufgabenbereich passt. Sie müssen nicht sofort die „goldene Verteilung" benennen können. Experimentieren Sie jeweils zwei bis drei Wochen mit einem Wert, der Ihnen nach kurzer Überlegung sinnvoll erscheint. Sobald Sie das Gefühl haben, dass dieser Wert in der Praxis für Sie passt, bleiben Sie dabei.

Gleichartige Arbeiten bündeln

Anstatt Arbeiten so zu erledigen, wie sie gerade anfallen, macht es Sinn, gleichartige Arbeiten in der Planung zu bündeln. Besonders hilfreich ist die Blockbildung in den folgenden Bereichen:

- Telefonate
- Briefe oder E-Mails schreiben
- Fachzeitschriften durcharbeiten
- Spesenabrechnungen durchführen
- Strategisches Arbeiten, Ziele planen usw.

Überlegen Sie: Welche Art Blockbildung können Sie praktizieren? Wann und mit welchen Einschränkungen?

Planen Sie störfreie Zeiten

Eine „stille Stunde", eine Art „Sperrzeit für den Personenverkehr" bringt Ihnen einen enormen Produktivitätsgewinn. Auch, wenn Sie zu den Menschen gehören, die gerne immer ansprechbar sind, sollten Sie sich wenigstens eine Stunde am Tag gönnen, in der Sie ungestört arbeiten können. In dieser

Zeit können Sie zum Beispiel konzentriert an einer wichtigen B-Aufgabe arbeiten, ohne dauernd den Faden zu verlieren.

Tragen Sie sich also eine „stille Stunde" genauso wie eine Besprechung oder einen Kundenbesuch – wie einen Termin mit sich selbst – in Ihren Tagesplan ein, und zwar am besten täglich.

Wenn Sie flexible Arbeitszeiten haben, könnten Sie dafür eine Stunde eher kommen, bevor die meisten Kollegen zu arbeiten beginnen, oder eine Stunde später gehen. Ebenso könnten Sie Ihre Mittagspause etwas verlegen. So werden bereits weit weniger Telefonanrufe oder Kollegen Sie unterbrechen. Am besten aber, Sie stellen das Telefon für diese Zeit auf den Anrufbeantworter um oder vereinbaren mit einem Kollegen, dass er die Gespräche in dieser Zeit für Sie annimmt. Umgekehrt können Sie zu einer anderen Zeit das Gleiche für ihn tun.

Überlegen Sie dann, wie Sie Ihrem Umfeld kommunizieren, dass Sie in der betreffenden Zeit nicht gestört werden wollen, z. B durch ein Schild „Bitte nicht stören", eine geschlossene Tür usw. Wenn Sie jemand sprechen möchte, bieten Sie einen Alternativtermin an. In vielen Arbeitsumfeldern funktioniert es sogar recht gut, bestimmte Sprechzeiten einzurichten, beispielsweise von 13.00 bis 16.00 Uhr. Nach einer kurzen Eingewöhnungsphase, in der Sie hart, aber freundlich auf diese Zeiten hinweisen müssen (solange kein Notfall vorliegt), werden Sie überrascht sein, wie gut das klappt.

> Reservieren Sie wann immer möglich täglich eine stille Stunde, in der Sie ungestört arbeiten können.

Wie vorgehen bei der Tagesplanung?

Berücksichtigen Sie Ihre Leistungskurve

Jeder Mensch unterliegt in seiner Leistungsfähigkeit während des ganzen Tages bestimmten charakteristischen Schwankungen. Man spricht gemeinhin von „Morgenmenschen" oder „Abendmenschen". Keiner dieser beiden Grundtypen arbeitet besser oder schlechter als der andere – beide arbeiten nur unterschiedlich.

Wie die Leistung am Tag schwankt

Grundsätzlich gilt: Die absolute Leistungshöhe und -tiefe ist individuell verschieden, allen Menschen gemeinsam sind jedoch die relativen, rhythmischen Schwankungen.

Nach dem Mittagessen schließt sich jedoch bei allen das allgemein bekannte Mittagstief an. Wer versucht, dieses Tief durch starken Kaffeegenuss zu bekämpfen, muss wissen, dass er es dadurch nur verlängert. Ein Nickerchen nach dem Mittagessen (optimal 15 Minuten), ein Spaziergang oder eine halbe Stunde progressive Muskelentspannung verändern die Leistungskurve dramatisch und zahlen sich durch die gewonnene Energie am Nachmittag auch zeitlich aus.

Wer es sich leisten kann, sollte übrigens eine ähnliche Ruhepause nach dem Abendessen machen. Schon im Mittelalter haben sich die Mönche durch solche kurze Nickerchen fit gehalten für ihre nächtelange Arbeit an den Handschriften.

Welcher Leistungstyp sind Sie?

Seine persönliche Leistungskurve zu kennen, hilft die Arbeit besser einzuteilen und effizienter zu arbeiten.

Vielleicht gehören Sie zu den Frühaufstehern – die immer weniger werden, da das Fernsehen unsere Gewohnheiten verändert. Wenn Sie morgens gut aus dem Bett kommen und sofort wach und konzentriert an Ihre Arbeit gehen können, Ihre Leistungshochs also etwa der Kurve in der folgenden Grafik entsprechen, dann sollten Sie den frühen Morgen und den Vormittag möglichst nutzen, um Ihre schwierigsten und wichtigsten Aufgaben, die Ihre ganze Konzentration und Leistungsfähigkeit verlangen, anzugehen.

Wenn Sie hingegen abends fit sind (siehe „Leistungskurve des Abendmenschen"), dann nutzen Sie diese Zeit, um konzentriert einige Stunden ohne Unterbrechung zu arbeiten.

Die Leistungskurve des Morgenmenschen

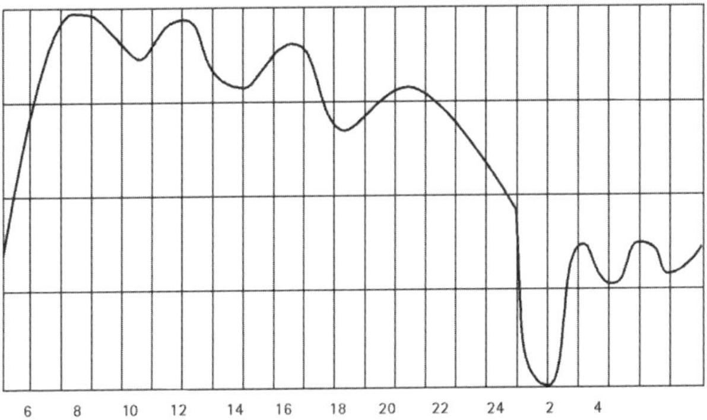

Der Morgenmensch erreicht sein Tageshoch früh am Morgen.

Die Leistungskurve des Abendmenschen

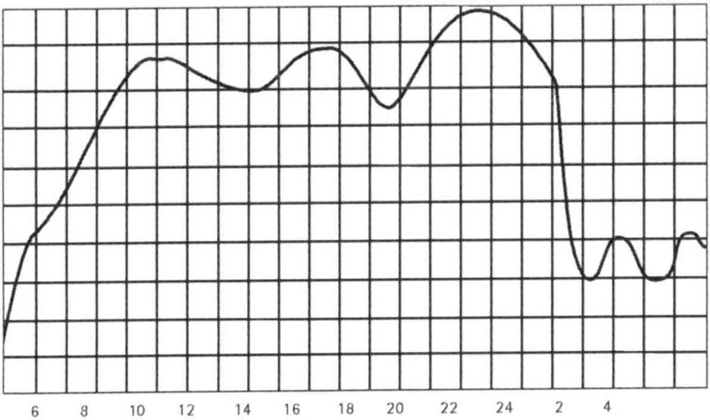

Der Abendmensch ist zwischen 20 und 23 Uhr am produktivsten.

Achten Sie auch auf die Tagesstörkurve

Telefonanrufe, unangemeldete Besucher, überraschende Besprechungen, Kollegen, die Rücksprache halten wollen – zu bestimmten Zeiten häufen sich diese Störungen, wie die folgende für den normalen Büroalltag typische Kurve veranschaulicht. Auch diese Kurve sollten Sie bei Ihrer Tagesplanung berücksichtigen.

Tagesstörkurve

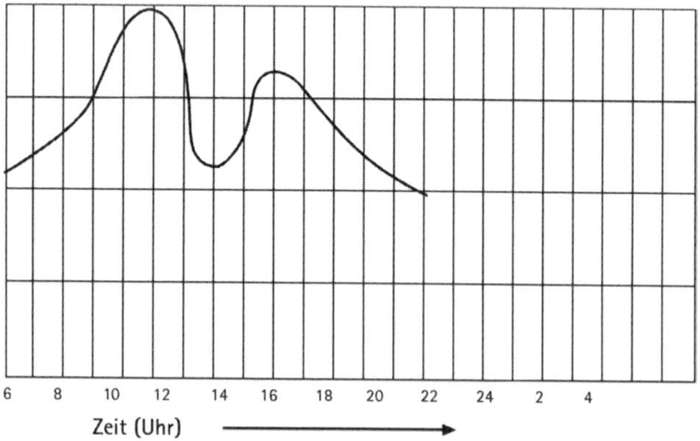

Zu bestimmten Zeiten nehmen Unterbrechungen zu.

Aufgaben planen nach Stör- und Leistungskurve

Richten Sie Ihre Planungen nach Ihrer persönlichen Leistungs- und Ihrer Störkurve aus. Wenn Sie z.B. einen wichtigen Vertragstext ausarbeiten müssen, sollten Sie dies zu einem Zeitpunkt tun, an dem sich Ihre Störkurve im unteren sowie die Leistungskurve im oberen Bereich befindet.

Dazu zeichnen Sie sich am besten Ihre Leistungskurve und die Störkurve eines mehr oder weniger typischen Tages auf. Finden Sie Nischen, die Ihnen die Nutzung Ihrer starken Tagesform zu einer Zeit mit wenigen Unterbrechungen für wichtige Aufgaben ermöglichen. Wann ist Ihre optimale Stunde?

So erstellen Sie einen Tagesplan

Nun geht es daran, Ihren Tag konkret zu planen. Erstellen Sie täglich abends Ihren Tagesplan für den nächsten Tag und zu Beginn der Woche oder bereits am Ende Ihrer Woche den Wochenplan.

> Der Tag ist die kleinste und überschaubare Einheit Ihrer persönlichen Zeitplanung. Wer sein Tagesgeschäft nicht im Griff hat, wird auch langfristige Ziele kaum erreichen.

Wir haben Tausende Menschen befragt, wie lange es dauert, einen Arbeitstag gut zu planen. Die übereinstimmende Antwort lautet: acht bis zehn Minuten. Nehmen Sie sich diese Zeit, um Ihren Tag zu planen.

Ein weiterer Rat zu Beginn: Fangen Sie früh an. Das heißt einerseits, den Tag zu früher Stunde zu beginnen, um einen guten, produktiven Start zu erwischen. Dies gilt insbesondere für Morgenmenschen (siehe Hinweise zur Leistungskurve). Und andererseits – und für alle Typen – heißt das: Fangen Sie sofort mit der wichtigen Arbeit an – und nicht mit Kaffeetrinken, Small Talk oder Zeitunglesen.

Arbeiten mit der To-do-Liste

Für den Tagesplan empfehlen wir die Arbeit mit einer To-do-Liste (auch Aktivitätenliste oder Aufgabenliste):

1 Planen Sie am besten am Vorabend den neuen Tag. Schreiben Sie in einer To-do-Liste oder im To-do-Teil Ihres Kalendariums alle Aktivitäten auf, die am nächsten Tag zu erledigen sind.

2 Überprüfen Sie Ihre To-do-Liste, indem Sie Prioritäten vergeben. Was aus der Liste muss heute erledigt werden?

3 Machen Sie sich eine zusätzliche Liste von kleinen Aufgaben, die nur einige Minuten benötigen. Wenn Sie zwischendurch kurze Leerläufe haben, erledigen Sie eine dieser Aufgaben.

4 Alle Aufgaben, die abends noch offen oder im Laufe des Tages hinzugekommen sind, tragen Sie in eine separate To-do-Liste ein.

To-do-Liste für den Tag

To do	Priorität	erledigt?
Herrn Neumann wg. PC anrufen	B	✓
Verpackungsdesign prüfen	C	
Monatsreporting für Vorstand	A	
Entwurf Produktbeschreibung	B	
Versch. Teesorten für Meeting	C	
Werbeprospekte überfliegen	D	
...		

Die Wochenplanung meistern

Um Balance zu erzielen, regelmäßig Zeit in jede Lebensrolle zu investieren sowie die B-Aufgaben besser in den Alltag zu integrieren, sollten Sie eine Grobplanung auf Wochenebene durchführen. Mit Hilfe des Kieselprinzips (nach Stephen R. Covey u. a.: „Der Weg zum Wesentlichen. Zeitmanagement der vierten Generation", Frankfurt 1997) legen Sie auf Wochenebene quasi ein Fundament, auf das Sie dann später die Tagesplanung aufbauen.

> Eine Planung auf Wochenebene bietet genug Freiraum zur Verteilung und mehr Platz für Pufferzeiten sowie Flexibilität, um kurzfristige unerwartete Ereignisse und A-Krisen aufzufangen, ohne komplett durcheinander zu geraten. Gleichzeitig ist eine Woche noch gut überschaubar.

Planen nach dem Kieselprinzip

Stellen Sie sich das Kieselprinzip als folgendes Bild vor: Sie nehmen einen großen Glaskrug und füllen ihn zu etwa 40 % mit Wasser. Dann schütten Sie eine große Portion Sand hinzu und kippen anschließend Kieselsteine darauf. Nun ist der Krug bereits recht voll. Doch Sie müssen noch weitere große Steine unterbringen. Aber schon beim zweiten droht der Krug überzulaufen.

Dieses Bild symbolisiert einen hektischen, ungeplanten Tag, an dem sich alles nach dringlichem Kleinkram – Wasser, Sand und Kieselsteinchen – richtet und für große Aufgaben kaum mehr Platz ist. Eine große Aufgabe mit der Priorität A bekommen Sie vielleicht noch unter, weil sie nun mal besonders wichtig und dringend ist. Vielleicht muss auch noch eine zweite A-Aufgabe unterkommen, weil es Sie sonst den Kopf kostet (wichtiges Vorstandsmeeting, Projektabschluss mit Großkunden). Also zwängen Sie beide in Ihre Tagesplanung hinein. Doch schon mit den anderen Aufgaben kommen Sie ins Schleudern. Und die großen B-Aufgaben, die Sie weit nach vorne bringen und künftige A-Krisen vermeiden würden, lassen Sie ganz liegen.

Beginnen Sie mit wichtigen Aufgaben

Wenn Sie besonders viel zu tun haben, sollten Sie nicht einfach drauflosarbeiten. Überlegen Sie sich, was die größten und schwierigsten Brocken sind, die anliegen, z.B. ein Vertragsentwurf, Ihre Einkommensteuererklärung oder wichtige Entscheidungen wie ein Autokauf. Diese „Brocken" müssen Sie über den Tag hinaus planen.

Eine gute Planung auf Wochenebene sieht also so aus:

1 Im ersten Schritt bringen Sie die großen Steine im Krug unter. Das heißt: Sie verplanen Ihre wichtigsten Prioritäten (A und B, siehe Seite 29). Ihre Wochenplanung sollte aber nur so voll gemacht werden, dass noch Platz bleibt für die weniger wichtigen Dinge – und für Pufferzeiten (denken Sie an die 60:40-Regel, siehe Seite 54).

2 Danach füllen Sie um die großen Brocken herum „den Kleinkram" ein (Kiesel, Sand und Wasser). Hierbei handelt es sich um die C- und D-Aufgaben. Viele von ihnen finden auch in kleineren Lücken Platz: ein Telefonat, eine E-Mail, das Überfliegen eines minder wichtigen Angebots usw.

3 Auch so passt vielleicht noch nicht alles in Ihre Woche – aber was draußen bleibt, sind die unwichtigeren Dinge im Vergleich zu den wichtigsten, für die Sie sich nun die nötige Zeit genommen haben.

Wesentlich ist: Wenn Sie die großen Brocken zuerst einplanen, können Sie mehr davon erfolgreich unterbringen.

Beispiel: Wochenplanung mit erfolgreicher Umsetzung

Herr Neumann lässt die Woche am Samstag mit einer halben Stunde Planung der Folgewoche ausklingen. Er hält kurz Rückschau und fertigt eine neue To-do-Liste mit allen unerledigten sowie neuen Aufgaben an, wobei er die unwichtigeren unerledigten streicht, anstatt sie zu übertragen. Danach schaut er auf seine Liste mit seinen Lebensrollen und jeweiligen Zielen. Er sucht sich jetzt für jede Lebensrolle eine B-Aufgabe heraus, für die er an einem Tag der Woche 90 Minuten einplant. Am Ende der Woche wird er so allen sieben Lebensrollen einmal Zeit gewidmet haben. Wenn in der Woche bisher wenig feste Termine (Besprechungen, Reisen) anliegen, fügt er an einigen Tagen eine weitere B-Aufgabe ein. Anschließend erstellt er einen Tagesplan für Montag: Ausgehend von seinem Zehnstundentag verplant er insgesamt sechs Stunden für weitere Aufgaben, wobei er die Zeit entsprechend ihrer Priorität reserviert.

Am Montag geht er nach seinem so erstellten Tagesplan vor. Ein Kollege wendet sich mit einem kleinen Problem an ihn, für das er der Spezialist ist und das er in einer halben Stunde gelöst hat. Er hat Glück – ansonsten passiert nichts Unvorhergesehenes und er hatte sich nur um eine Stunde bei der Planung verschätzt. Die restlichen zweieinhalb Stunden der unverplanten Zeit kann er also frei einteilen. Herr Neumann arbeitet jetzt noch für eineinhalb Stunden weitere Punkte seiner To-do-Liste ab, plant am Ende den Dienstag um das vorhandene Gerüst (B-Aufgaben vom Kieselprinzip sowie Termine mit anderen) herum und beschließt, die letzte Stunde zum Gleitzeitabbau zu nutzen.

Für die Planung auf Wochenebene hat sich das Kieselprinzip am besten bewährt. Sie können es jedoch auch in der Tages- oder individuellen Projektplanung anwenden.

> Eine nach diesem Kieselprinzip ausgerichtete Wochenplanung, die zuerst Zeit für das wirklich Wichtige reserviert, um das sich dann alles andere herum einfügen muss, stellt den Schlüssel für eine ausgewogene Zeit- und Lebensbalance dar.

Arbeiten mit Checklisten

Für regelmäßige Termine und Aufgaben empfiehlt es sich, Checklisten (wöchentlich, monatlich und jährlich) anzulegen. Auf ihnen vermerken Sie alles, woran Sie routinemäßig denken müssen.

Checklisten beantworten grundsätzliche Fragen wie:

- Was gehört dazu?
- Was kommt zuerst?
- Sind die Voraussetzungen erfüllt?
- Habe ich an alles gedacht?
- Ist alles erledigt?

Wer konsequent mit diesen Instrumenten arbeitet, kann bestätigen, dass Checklisten in bestimmten Arbeitsbereichen enorme Zeiteinsparungen ermöglichen. Solche Checklisten lassen sich übrigens nicht nur in der beruflichen, sondern auch in der privaten Planung hervorragend einsetzen.

Vorteile einer Checkliste

- Das Arbeiten mit Checklisten spart Zeit.
- Checklisten reduzieren das Fehlerrisiko, denn Sie müssen bei wiederkehrenden Vorgängen oder gleichen Situationen nicht immer wieder neu mit Ihren Überlegungen ansetzen.
- Mit einer Checkliste bewegen Sie sich ständig auf dem Pfad der Verbesserung. Wenn Sie eine Checkliste durcharbeiten, entdecken Sie weitere Möglichkeiten, wie Sie einen Arbeitsprozess anreichern und optimieren können.
- Schließlich ersparen Ihnen bewährte Checklisten so manche zeitaufwendigen Erklärungen. Wenn Sie Mitarbeitern oder Kollegen eine Checkliste geben, können diese sich mit bestimmten Aufgaben oder Erledigungen schnell vertraut machen.

Wie Sie eine Checkliste anlegen

Eine Checkliste wird in der Regel so erstellt, dass man alle Aktivitäten, die für die erfolgreiche Durchführung zu berücksichtigen sind, in eine sinnvolle Reihenfolge bringt. Das Ganze sollte möglichst konkret und einfach gehalten werden. Alles, was erledigt ist, wird schließlich abgehakt.

Die einzelnen Punkte können Maßnahmen sein, die Sie bei bestimmten Aufgaben ergreifen müssen, aber auch Voraussetzungen, die erfüllt sein müssen, damit Sie zum Beispiel eine gute Entscheidung treffen können.

Beispiel: Checkliste für Meetings

Meeting am ... von ... bis ...	Termin	✓
▪ Einladungen per Mail verschicken	...	
▪ Besprechungszimmer reservieren		
▪ Technik anfordern		
▪ Teilnehmerliste erstellen und verteilen		
▪ Mittagsbuffet bestellen		
▪ Restaurant für abends reservieren		
▪ Alle Unterlagen einfordern		
▪ Unterlagen sammeln, ordnen, kopieren		
▪ Werbemuster neues Produkt verteilen		

Wo und wann Checklisten einsetzen?

Im Prinzip können Sie Checklisten überall dort einsetzen, wo gleichartige Tätigkeiten und Entscheidungen zu treffen sind, ständig die gleichen Regeln zu beachten sind oder ähnliche Prozesse ablaufen. Hier einige berufliche Beispiele:

- Sie bereiten einen Vertrag vor.
- Sie erstellen ein Arbeitszeugnis.
- Sie führen ein Bewerbungsgespräch.
- Sie planen ein neues Projekt.
- Sie führen eine Marktbeobachtung durch.
- Sie führen eine Kontrolle durch (z.B. Projektkosten).

- Woran muss die Urlaubsvertretung denken?
- Ein neuer Mitarbeiter kommt: Was ist zu erledigen?

Auch im privaten Bereich sind Checklisten praktisch:

- Sie müssen Ihre Steuerunterlagen vorbereiten.
- Sie fahren in den Urlaub.
- In der Familie werden Hausarbeiten verteilt.

Tipps für das Arbeiten mit Checklisten

- Achten Sie auf Klarheit und Übersichtlichkeit. Nur Checklisten, mit denen Sie auch arbeiten, sind gute Checklisten.
- Checklisten dürfen Sie nicht als zu starres Korsett begreifen. Starten Sie einen Probelauf und korrigieren sowie erweitern Sie eventuell Ihre Checkliste.
- Fragen Sie Kollegen, mit welchen Checklisten sie bereits arbeiten. Manches können Sie an die individuellen Erfordernisse des eigenen Aufgabengebiets anpassen.
- In manchen Zeitplansystemen finden sich hilfreiche Checklisten, etwa zur Reiseplanung. Dort können Sie auch selbst angelegte Checklisten einheften.

Zeitplanbücher und Smartphones

Da wir nicht alles im Kopf behalten können, müssen wir Notizen schreiben, zur Not auf lose Zettel. Doch die Zettelwirtschaft kann schnell in Desorganisation münden. Wesentlich besser sind daher Zeitplanbücher und Smartphones.

Verschiedene Systeme im Überblick

Mit To-do-Listen Aufgaben planen

Eines der einfachsten Mittel, Ihre Aufgaben effektiv zu bewältigen, ist die To-do-Liste. Alles dazu Nötige ist in jedem Haushalt und Büro vorhanden – Sie können sofort anfangen. Auf einer Seite schreiben Sie einfach auf, was heute unbedingt erledigt werden muss. Auf der anderen Seite können Sie alles aufschreiben, was im Verlauf der Woche erledigt werden muss bzw. bestimmte Bereiche abtragen. Fügen Sie je eine Spalte für Priorität und Fälligkeitsdatum hinzu.

Die Nachteile der einfachen To-do-Liste: Termine, langfristigere Planungen mit Zeithorizonten, Adressen oder thematische Notizen haben dort keinen Platz (das alles täglich auf ein und dasselbe Blatt zu notieren führt zum Chaos).

> Wenn Sie noch kein Zeitplansystem benutzen, dann beginnen Sie gleich jetzt mit To-do-Listen zu arbeiten.

Kalender

Unerlässlich für die Planung vieler Termine ist der einfache und kostengünstige Kalender. Egal ob Wandkalender, Tischkalender, Wochenquerkalender oder Taschenkalender: Hauptsache, man hat ein Kalendarium mit etwas Platz für tägliche Eintragungen. Obwohl in Deutschland jährlich so viele Kalender verkauft und als Werbegeschenke kostenlos weitergegeben werden, dass statistisch gesehen jeder drei Kalender haben müsste, führen 50 % aller Deutschen keinen Kalender

– nicht einmal die kleine Kunststoffkarte mit dem Jahresüberblick im Portemonnaie.

Oftmals bieten simple Kalender nur Platz für ein bis drei Termine pro Tag. Zudem sind sie nur für Termine gedacht und bieten keinen Platz für Aufgaben.

> Wenn Sie mit einem einfachen Kalender arbeiten, legen Sie zur Ergänzung Ihre aktuelle To-do-Liste vorne hinein.

Einfache Planer

Planer im unteren Preisbereich (um zehn Euro) bieten viel Platz für Notizen und selbst angefertigte Formulare oder Checklisten auf Blankopapier. Die Kalenderteile sowie To-Do-Listen ermöglichen eine Tages- und Wochenplanung mit Prioritäten, und Platz für Notizzettel ist auch noch. Oft ist bei Billigangeboten die Wiederbeschaffung des passend gelochten Kalendariums/Notizpapiers schwierig.

> Zeit sparen beginnt dort, wo man nicht nur die „typischen" ein bis drei Termine (Zahnarzt, Meeting usw.) pro Tag festhält, sondern den Tag wie in den vorherigen Kapiteln erläutert durchplant – und dabei den wichtigsten Aufgaben feste Zeitblöcke zuordnet.

Besser planen mit professionellen Zeitplanbüchern

Professionelle Zeitplansysteme sind im Handel oder per Direktbestellung ab 50 Euro erhältlich. In den Folgejahren sind die Kosten niedriger, da der Ringbuchinhalt separat gekauft werden kann. Sie bieten neben einem Kalendarium für unterschiedliche Ansprüche auch Planungshilfen, Jahres- und Monatsübersichten, Checklisten, Notizblätter sowie z.B. Informationen über Schulferien, internationale Feiertage usw. Man hat zudem die Gewähr, dass man das ganze Jahr über nicht nur Kalendarien, sondern auch ausgefeilte Formulare und spezielles Zubehör erwerben kann.

> Wenn Sie den PC für Ihre langfristige Planung nutzen und das Ganze für die Tagesplanung ausdrucken möchten, gibt es bereits fertig gelochte Blätter, die vom Drucker eingezogen werden können, um z.B. Ihre Daten aus Outlook in das Format des Zeitplanbuches zu drucken.

Die Nachteile professioneller Zeitplanbücher: teuer, vor allem bei der Erstanschaffung; die Handhabung ist anfangs recht aufwendig; mit Verlust des Planers geht unter Umständen eine große Menge an Terminen und weiteren Daten verloren – machen Sie sich daher die Mühe, einmal pro Halbjahr wenigstens die Monatsübersichten zur Sicherheit zu kopieren.

> Mit einem Zeitplansystem haben Sie eine optimale Verwaltung Ihrer Termine und Aufgaben. Und Sie können wichtige Daten wie z.B. Telefon- und Gesprächsnotizen strukturiert festhalten. Mit dieser professionellen Verwaltung gewinnen Sie mehr Sicherheit und vergessen weniger.

Mobiltelefone

Seit einigen Jahren verfügen nahezu alle modernen Business-Handys über immer umfangreichere Organizer-Funktionen. Sie speichern inzwischen Tausende Adressen (inkl. der Postanschrift und mehreren Telefonnummern, die Sie mit einem Tastendruck direkt anrufen können), Termine und Aufgaben. Per USB-Kabel oder Bluetooth und mitgelieferter Synchronisationssoftware gleichen die kleinen Helfer blitzschnell alle Daten mit Outlook auf dem PC ab.

Warum also beim nächsten Handywechsel nicht gleich zu einem entsprechend ausgerüsteten Modell als Ersatz für den Zeitplaner greifen? Allerdings steht die mangelnde Übersicht auf den kleinen Displays der Nutzung als sinnvolles Planungstool ebenso im Weg wie die umständliche Texteingabe. Hinzu kommen technische Beschränkungen: z.B. fehlt je nach Gerät ggf. ein Feld für die zweite Mobilfunknummer, vom Firmennamen werden nur die ersten 30 Zeichen übernommen oder der Betreff eines Termins, in dem Sie Thema, Einwahlnummer und Zugangscode einer Telefonkonferenz notiert haben, wird mittendrin abgeschnitten – was Sie beim Test mit kürzeren Firmennamen und Terminbeschreibungen nicht bemerken. Bevor Sie aktualisierte Daten vom Telefon über Ihre Outlookdaten zurückschreiben, sollten Sie sich daher vergewissern, dass hier nichts verloren geht.

Wenn Sie fast überall Ihr Notebook mit Outlook dabei haben, eignen sich Handys als optimale Ergänzung, falls das Notebook doch einmal ausgeschaltet ist: Geben Sie Daten stets nur in Outlook ein und überschreiben Sie damit beim Synchronisieren stets das Mobiltelefon, um die oben beschriebenen Probleme zu vermeiden. Wenn Sie unterwegs etwas notieren möchten, nutzen Sie die in den meisten Handys integrierte Diktiergerätefunktionen und tippen Sie die aufgesprochenen Notizen bzw. Termine/Aufgaben bei der nächsten Gelegenheit sofort in Ihr Outlook ein.

Blackberry, iPhone und Windows Mobile

Professionelle Smartphones wie z.B. Blackberry, iPhone und die MDA-/VPA-Geräteserien von T-Mobile und Vodafone eignen sich mit der richtigen Software bereits als Zeitplanbuchersatz. Sie sind etwas größer als ein „normales" Mobiltelefon (die Bildschirmfläche ist meist deutlich größer und damit weit übersichtlicher als bei anderen Business-Handys) und diesem vom Funktionsumfang und Komfort bei der Dateneingabe her weit überlegen: Sie haben z.B. eine Mini-Tastatur oder auf dem Bildschirm eingeblendete Tastatur mit einer Taste für jeden Buchstaben zur Verfügung. Aufgrund der in den letzten Jahren auf den Markt gekommenen Gerätevielfalt und des technischen Fortschritts verschwimmen die Grenzen zwischen den Geräten zusehends.

Außer Terminen, Adressen, Aufgaben und Notizen verwalten die kleinen Helfer je nach Modell und optionalen Erweiterungen Ihre E-Mails, Dokumente (z.B. Word-Dateien und Excel-Tabellen, deren Daten Sie auf Blackberrys direkt editieren, neu berechnen und später auf den PC kopieren können) sowie ganze Bücher in elektronischer Form und dienen im Auto als sprechendes Sateliten-Navigationssystem, das aktuelle Stauinfos einkalkuliert. Mehr zu den Vor- und Nachteilen der elektronischen Organizer erfahren Sie im folgenden Kapitel. Vor allem ist es im Vergleich zum Papier bei Smartphones wesentlich komplizierter, die schnelle Bedienung und übersichtliches Planen zu erlernen.

Push-E-Mail

Praktisch für unterwegs ist die Möglichkeit, neue E-Mails (sowie Änderungen in Ihrem Kalender oder neue Telefonummern Ihrer Ansprechpartner) sofort auf das Mobilgerät zu erhalten. Sie müssen deshalb noch lange nicht ständig Ihre Arbeit unterbrechen – schalten Sie den Alarm für neue E-Mails aus. So sammelt der mobile Helfer neue Mails, die Sie später während Wartezeiten oder in Ruhe lesen können, ohne erst auf den Datenabruf zu warten. Während Sie in Frankfurt Ihre Präsentation halten, trägt Ihre Sekretärin im Büro in München einen neu mit einer Kundin vereinbarten Termin in Düsseldorf in Ihren Kalender ein. Eine Kollegin streicht währenddessen die für Freitag vorgesehene Besprechung. Wenn Sie nun direkt nach Ihrer Präsentation auf Ihrem (stummgeschalteten aber empfangsbereiten) Smartphone den Kalender aufschlagen, um mit den Anwesenden einen Folgetermin zu vereinbaren, sind diese Änderungen bereits eingetragen – und der nun von Ihnen vereinbarte Folgetermin zwei Sekunden später auch für Ihre Sekretärin und Kollegin sichtbar.

Wenn Sie sich für ein Smartphone entscheiden, wählen Sie am besten einen Blackberry, ein iPhone oder ein Gerät mit Windows Mobile. Alle drei bieten die oben beschriebenen Push-Funktionen und für diese Betriebssysteme existiert ein großes Angebot an Zusatzsoftware z.B. zur effektiven, übersichtlichen Zeitplanung (Blackberry und Windows Mobile sind dem iPhone im Bereich Business-Funktionen/-Anwendungen noch ein kleines Stück voraus).

Mehr Tipps zum Zeitmanagement mit Blackberry und iPhone finden Sie unter www.zeit-im-griff.de/tg/bb bzw. www.zeit-im-griff.de/tg/iphone.

Microsoft Outlook

Anders als der kostenlose kleine Bruder namens *Outlook Express* kümmert sich die große Version von *Outlook* auch um Aufgaben, Termine und Notizen. Die Funktionen zur Bearbeitung von E-Mails und Kontakten (Adressdaten) sind ebenfalls weitaus umfangreicher. Alle diese Elemente können Sie ineinander umwandeln – z.B. eine E-Mail mit der Maus als

Termin in den Kalender verschieben – und untereinander verknüpfen – z.B. mit einem Klick auf den E-Mail-Absender die Telefonnummer aus dem zugehörigen Kontakt anzeigen (bei mit dem PC verbundenem Telefon sofort wählen sowie bei eingehenden Anrufen mit übermittelter Nummer gleich alle mit dieser Person für die nächsten Monate eingetragenen Termine anzeigen).

Obwohl Sie jeden Termin nur einmal eintragen, können Sie – anders als im Zeitplanbuch – nicht nur das sehen, was an einem bestimmten Tag ansteht. Über entsprechende Ansichten wissen Sie auch sofort, wann Sie in den nächsten Monaten z.B. in Düsseldorf sein werden oder welche Besprechungen und Kundenbesuche zu einem bestimmten Projekt gehören. Sie können mit Kollegen Aufgaben austauschen, sich gemeinsam gepflegte Adressbestände teilen und untereinander auf Ihre freigegebenen Kalender zugreifen. Damit finden Sie schneller passende Besprechungstermine bzw. sehen, wann ein Kollege außer Haus oder im Büro anwesend ist.

Outlook ist ein sehr leistungsfähiges Planungsinstrument, das für Einsteiger recht kompliziert ist. Bis Sie mit Outlook übersichtlich und zeitsparend planen können, müssen Sie erst einmal viel Zeit investieren, um die effektive Bedienung zu erlernen, damit das ganze nicht in Frust und Chaos endet. Für manch einfachen Arbeitsplatz mit nur wenigen zu verwaltenden Informationen rentiert sich der Aufwand nicht. Praxiserprobte Strategien und Tipps für effektives Zeitmanagement mit Outlook finden Sie im kostenfreien Online-Kurs „Meine Zeit im Griff mit Outlook" von Holger Wöltje:

www.zeit-im-griff.de/tg/outlook (inklusive 90 min. Video; Grundkenntnisse in Outlook werden vorausgesetzt).

Beim Einsatz von Outlook sind vor allem zwei Dinge zu beachten: Erstens brauchen Sie ein Zweitsystem für die Zeit, in der Sie keinen Zugriff auf Ihren PC haben (z.B. Handy oder PDA). Zweitens ist es wichtig, dass Sie sich umfassend mit den Outlook-Funktionen vertraut machen, damit Sie Zeit sparen statt zu verlieren. Sich dies im Selbststudium beizubringen erfordert viel Disziplin – ein Seminar oder Coaching beim Profi ist meist die schnellere und im Endeffekt oft sogar günstigere Variante.

Die Auswahl an Zeitplansystemen ist enorm.

Papier oder Elektronik?

Bloß weil Personal Digital Assistents (PDAs) und Smartphones moderner und elektronisch sind, sind sie noch lange nicht für jede Person und jeden Bereich besser geeignet als bewährte Papierplaner.

Welche Vorteile elektronische Organizer bieten

Die Kapazität aktueller Smartphones (tausende Adressen und Termine, komplette Bücher) ist im Vergleich mit Papierplanern nahezu unbegrenzt. Sie können die meisten Informationen mit den Daten auf Ihrem PC abgleichen, z.B. Adressen, Aufgaben, Notizen, E-Mails sowie Word- und Excel-Dokumente. Wenn Sie Termine im Büro in Outlook eintragen, können Sie sie einfach auf den PDA überspielen, unterwegs dort bearbeiten und später die aktualisierten Daten automatisch auf den PC übernehmen.

Außerdem hat ein Handheld/Smartphone folgende Vorteile:

- Sie können jederzeit eingetragene Daten löschen, ändern, komplett überschreiben etc. Auf dem Papier werden Korrekturen viel schneller unübersichtlich.
- Einfache, tägliche Datensicherung (Kopien).
- Variables Sortieren möglich: Sie können Ihre Aufgabenliste mit einem Klick nach Priorität oder zugewiesenen Kategorien (z.B. Projekte, Lebensrollen) sortieren oder zwischendurch auch einmal nach Fälligkeitsdatum.
- Sie können eine Volltextsuche ausführen (z.B. Termine diese Woche, Termine mit Herrn Meier, Termine für das Projekt A).

Schwächen der elektronischen Organizer

- Geladener Akku oder Steckdose nötig.
- Ein Verlust sämtlicher Daten oder Totalausfall aufgrund von Software-/Hardwarefehlern kann ständig auftreten

und ist im Durchschnitt einmal alle zwei Jahre wahrscheinlich.

- Die Dateneingabe erfordert hohe Aufmerksamkeit. Während Gesprächen Notizen zu machen, ist umständlich.
- Starre/vorgegebene Struktur der Programme.

Wichtigste Vorteile von Papier-Organizern

- Vertrautes Medium, quasi keine Lernkurve.
- Bilder, Skizzen sowie Illustrationen sind einfach und an jeder Stelle problemlos einfügbar.
- Bessere Übersicht: Sie können Texte beliebig anordnen, viel einfacher grafisch gliedern und sich später mit einem kurzen Blick auf das Blatt schneller zurechtfinden.
- Sie können Kalenderseiten nach eigenen Vorstellungen anpassen (z.B. Feld für Anrufe unten im Tagesplan einfügen).

Gravierendste Schwächen der Papier-Organizer

- (Mehrfache) Änderung der Daten schwierig.
- Datensicherung sehr aufwendig, Datenverlust ist oft endgültig. Die Daten sind unverschlüsselt/für jeden lesbar.
- Aufwendigere Führung bei Terminserien oder vielen Terminen für Monate im Voraus.
- Ein Abgleich mit Daten aus einem elektronischen Bürosystem ist sehr aufwendig.

Finden Sie Ihr System

Die Hilfsmittel sollen Ihnen dienen, nicht Sie zum Sklaven machen. Nutzen Sie ein Hauptsystem das Ihrer Arbeitsweise entspricht und, soweit sinnvoll, ein zweites zur Ergänzung wo es für Sie passt. Ein Zeitplanbuch für das Anfertigen von Mindmaps sowie „gehirngerechten" Telefonmitschriften mit frei angeordnetem Text und kleinen Skizzen, in das Sie auch noch Prospekte oder Infozettel aus Papier einheften können, kann z.B. die ideale Ergänzung für den PDA-Freak sein.

Wenn Sie hingegen in langjähriger Kleinarbeit Ihr Papiersystem optimal angepasst haben, damit prima zurechtkommen und keine elektronischen Daten mit Kollegen teilen, ist ein ausschließlich für Adressen genutzter PDA bzw. ein Business-Handy mit PC-Synchronisation die optimale Ergänzung.

> Experimentieren Sie, probieren Sie die Systeme aus, bevor Sie sich entscheiden. Vielleicht können Sie einen alten PDA für ein paar Tage von einem Kollegen ausleihen oder bekommen die übrigen Blätter seines ausgedienten Zeitplanbuchs.

Wenn Sie sich ausführlicher mit den Vor- und Nachteilen sowie Kombinationsmöglichkeiten von Papier und Elektronik befassen möchten und Tipps zu effektivem, übersichtlichem Zeitmanagement auf Handhelds suchen, empfehlen wir Ihnen zur Vertiefung das Buch „Zeitmanagement – perfekt organisieren mit Zeitplaner und Handheld" (Knoblauch/Wöltje; www.papier-und-elektronik.de).

So gestalten Sie Ihren Tag

Die Papier- und E-Mail-Flut steigt unerbittlich, Telefonate und Besprechungen füllen den Büroalltag. Verzweifeln Sie nicht, es gibt erfolgreiche Rezepte, wie Sie trotzdem zu Ihrer Arbeit kommen.

Lesen Sie in diesem Kapitel,

- wie Sie Störungen reduzieren (S. 82),
- wie Sie Besprechungen effektiver führen (S. 89),
- wie Sie richtig delegieren (S. 96),
- wie ein aufgeräumter Schreibtisch beim Zeitsparen hilft (S. 99) und
- wie die tägliche E-Mail-Flut zu bewältigen ist (S. 103).

Kampf den Zeitfressern

Hier bieten wir Ihnen einige effektive Tipps an, um Zeitverschwender und Störungen zu erkennen, zu reduzieren oder gar zu beseitigen.

Identifizieren Sie Ihre Zeitfresser!

Finden Sie in der folgenden Checkliste Ihre Zeitdiebe wieder?

Wo liegen Ihre Zeitfresser?	✓
▪ Sie haben keine Ziele und Prioritäten	
▪ Sie führen keine Tages-/Wochen-/Monatspläne.	
▪ Sie versuchen, zu viel auf einmal zu tun.	
▪ Lange Wartezeiten (Verabredungen)	
▪ Sie stoßen auf mangelnde Motivation oder indifferentes Verhalten.	
▪ Sie können nur schwer nein sagen.	
▪ Sie können Ihre Aufgaben nicht zu Ende führen.	
▪ Sie sind kein guter Zuhörer, einiges geht an Ihnen vorbei.	
▪ Sie wollen immer alle Fakten wissen.	
▪ Sie neigen zum Perfektionismus.	
▪ Sie sind zu viel mit Papierkram und Lesen beschäftigt.	
▪ Sie haben ein schlechtes Ablagesystem.	

Wo liegen Ihre Zeitfresser? ✓

- Sie können oder wollen zu wenig delegieren.
- Sie werden nicht ausreichend informiert.
- Sie sitzen zu viel in unnötigen, langwierigen, schlecht vorbereiteten Besprechungen.
- Sie werden durch Schwätzchen und Getratsche über Kollegen aufgehalten.
- Das Zeitbudget für Ihre Aufgaben wird oft falsch eingeschätzt (von anderen, von Ihnen).
- Sie haben den Wunsch, immer alle zu beteiligen.
- Sie verlieren Zeit mit Techniken, die Sie nicht verstehen. Sie sind zu wenig auf die notwendige Technik/EDV geschult.
- Sie haben noch nie an einer Zeitmanagement-Schulung teilgenommen.

Sie sollten Ihre wichtigsten Zeitfresser erkennen und gezielt bekämpfen. Definieren Sie geeignete Maßnahmen, um sie zu besiegen. Gehen Sie einen Zeitdieb nach dem anderen mit Hilfe konkreter Ziele an.

Wie Sie Störungen und Unterbrechungen reduzieren

Störungen zu identifizieren und zu analysieren ist besonders wichtig, damit Sie zu Ihren eigentlichen Aufgaben kommen und Ihre Ziele verfolgen können. Folgende Lösungsideen bieten sich an, wenn Sie zu oft durch andere gestört werden.

Tipps für Führungskräfte

- Legen Sie in regelmäßigen Besprechungen Prioritäten fest, damit Sie nicht die meiste Zeit, sondern jeweils nur kurz und am Ende über unwichtigere Dinge diskutieren.
- Legen Sie Zeiten fest, zu denen Sie regelmäßig ansprechbar sind.
- Lernen Sie Management by Exception (Ausnahmen). Das bedeutet, dass Ihre Mitarbeiter relativ selbstständig agieren und Sie nur tätig werden (mit Rat, Hilfe oder Anweisungen), wenn etwas nicht klappt oder nicht nach Plan läuft. Ansonsten sollten Sie vom Tagesgeschäft entlastet werden.
- Tragen Sie sich Termine für Ihre strategischen Aufgaben in Ihren Tagesplan ein (siehe „stille Stunden", Seite 55 f.).

Tipps für Mitarbeiter

Unterbrechungen sind oft nicht zu vermeiden, aber Sie sind ihnen auch nicht hilflos ausgeliefert. Halten Sie Unterbrechungen vor allem möglichst kurz, sonst benötigen Sie zu lange, um sich wieder auf die ursprüngliche Tätigkeit zurückzubesinnen.

Und so vermeiden Sie (lange) Unterbrechungen:

- Seien Sie ehrlich. Wenn Sie beschäftigt sind, sagen Sie es dem Störer oder der Störerin. Sie können ganz freundlich abwinken und um Verständnis bitten: „Es tut mir leid, aber jetzt geht es ganz schlecht. Der Bericht hier soll heute Abend fertig werden. Sie wissen ja, wie das ist ..."

- Schlagen Sie einen Alternativtermin für Gespräche vor, die im unpassenden Moment kommen.
- Wenn Kunden Sie stören, können Sie das selbstverständlich nicht ignorieren. Stellen Sie aber immer klar, ob Sie der richtige Ansprechpartner sind.
- Ein kleiner Trick, Störungen kurz zu halten: Stehen Sie bei unerwarteten Besuchern auf und gehen Sie ihnen entgegen. Stellen Sie keinen Stuhl in die Nähe Ihres Schreibtischs.
- Wenn Sie auf Vielredner stoßen oder gar welche am Nachbarschreibtisch sitzen haben, ist es oft schwierig, Gespräche zu vermeiden oder abzukürzen. Vereinbaren Sie ein Signal mit anderen Kollegen, damit diese Sie in prekären Situationen „retten" können.
- Reduzieren Sie den persönlichen Kontakt mit Vielrednern. Augenkontakt lädt zu Small Talk ein.
- Halten Sie Ihre Tür geschlossen. Im Großraumbüro sollten Sie eine Pflanze zwischen sich und die anderen platzieren, damit Sie einen etwas abgeschirmten Bereich haben.
- Stellen Sie Ihre Möbel so, dass Sie nicht mit dem Gesicht zur Tür oder einem Durchgang sitzen.
- Vereinbaren Sie mit Ihren Kollegen ein Zeichen dafür, dass Sie jetzt nicht gestört werden möchten (auf dem Kopf stehender Stoffbär o. Ä. – nach den ersten dummen Witzen darüber funktioniert es meist sehr gut).
- Planen Sie Ihre stillen Stunden.

- Nutzen Sie für wichtige Arbeiten, die Ihre volle Konzentration verlangen, öfter leer stehende Zimmer. Verziehen Sie sich zum Beispiel ins Konferenzzimmer, in die Bibliothek oder in Zimmer von Kollegen, die im Urlaub sind.
- Wenn Sie etwas zu besprechen haben: Bringen Sie den Small Talk schnell hinter sich. Kommen Sie gleich zum Thema, und bleiben Sie konsequent dabei.
- Kehren Sie nach einer Unterbrechung sofort zu Ihrer begonnenen Aufgabe zurück.

Wie Sie die „Aufschieberitis" überwinden

Es kommt immer wieder vor, dass man Aufgaben tage- oder wochenlang vor sich herschiebt. Irgendwann werden diese Aufgaben brennend und man muss mit Power und unter Druck alles fertig machen – die Ergebnisse stehen dann oft weit hinter dem zurück, was man bei rechtzeitiger Erledigung hätte erreichen können, vom Stress ganz zu schweigen.

Die „Aufschieberitis“ lässt sich im Wesentlichen auf drei Hauptursachen zurückführen:

- Wir verschieben unangenehme Dinge und befassen uns lieber mit unwichtigen Kleinigkeiten.
- Wir verschieben schwierige Dinge.
- Wir verschieben Dinge, die harte Entscheidungen von uns verlangen.

Dabei sind es gerade die unangenehmen, schwierigen Aktivitäten und harten Entscheidungen, die am meisten zu unserem Erfolg beitragen.

Übung

- Analysieren und entscheiden Sie: Welche Aufgaben überfordern Sie? Welche Gegenmaßnahmen können Sie ergreifen und wann? ______________________________

  ____

  ____

  ____

  ____

- Nach welcher Grundregel werden Sie ab sofort handeln, um Ihre „Aufschieberitis“ einzudämmen? ______________

  ____

  ____

  ____

  ____

So bekämpfen Sie die „Aufschieberitis"

Schieben Sie unangenehme Dinge nicht auf. Auch Schwieriges wird durch Aufschieben nicht leichter. Sie belasten Ihre psychische Gesundheit nur noch mehr durch die Verdrängung, die dabei stattfindet.

- Klären Sie, warum Sie eine Sache nicht mögen.
- Beschließen Sie, Selbstdisziplin vor das Lustprinzip zu stellen. Versuchen Sie sich zu motivieren: Wenn Sie sich z.B. endlich einmal hinsetzen und eine Stunde lang die langweiligen, aufgeschobenen Reisekostenabrechnungen für die letzten Monate erledigen, haben Sie ein paar Tage später 1000 Euro mehr auf dem Konto – wo sonst bekommt man einen so hohen „Stundenlohn"?
- Denken Sie daran: Sie werden die nervigen, aber nötigen Aufgaben nur dann los, wenn Sie sie erledigen.
- Planen Sie bewusst die nächsten Schritte mit dem Ziel der Erledigung. Wenn Sie schon eine Stunde völlig entnervt im Stau langsam voranrollen, lässt ein Schild „Baustelle 2 km" Sie wieder aufleben – Sie sehen die Ursache des Staus und dass er nach Erreichen der Baustelle bald vorbei sein wird. So wie das Schild wirken auch Ziele und Teilschritte für unangenehme oder schwierige Aufgaben motivierend.
- Belohnen Sie sich, wenn Sie eine unangenehme Aufgabe bewältigt haben.

Fragen Sie sich auch:

- Benutzen Sie gerne bestimmte Aufgaben als vorgeschobene Entschuldigung, eine andere wichtige zu verzögern oder zu umgehen?
- Haben Sie vielleicht eine falsche Einstellung gegenüber dem Delegieren?
- Treiben Sie Ihre Perfektion vielleicht auf die Spitze?
- Wissen Sie vielleicht nicht, wie Sie die neue, unangenehme oder schwierige Aufgabe anpacken sollen?
- Ist vielleicht eine Lieblingsaufgabe ein Ausweg zur schnellen Befriedigung?

Definieren Sie Ihre Strategien gegen die Aufschieberitis. Wenn Sie hier einen besonders großen Handlungsbedarf sehen, sollten Sie überlegen, ob Sie nicht vielleicht einen externen Coach um Unterstützung bitten.

Meetings und Telefonate effektiver führen

Wir verbringen einen Großteil unserer Zeit mit Telefonaten und Besprechungen, die wir mit einigen Grundregeln und Planung nicht nur schneller, sondern auch mit besseren Ergebnissen beenden können.

Tipps fürs Telefonieren

Zunächst einmal ist es wichtig, dass Sie die Funktionen Ihres Telefons gut kennen: Rufumleitung, Stummschaltung, Kurzwahl, Wahlwiederholung, Anruferliste, Fernabfrage oder Benachrichtigung des Anrufbeantworters usw. sind nützliche Funktionen, die sich schnell bezahlt machen.

Wenn Sie viel telefonieren, lohnt sich für Sie vielleicht auch Sonderzubehör. Sie können z.B. spezielle Adressmanager auf dem PC nicht nur zum direkten Wählen per Mausklick nutzen. Bei eingehenden Anrufen mit Rufnummernübermittlung öffnen die Adressmanager auch automatisch den Adresseintrag des Anrufers sowie die damit verknüpften Notizen.

Ein Headset erspart Ihnen den Besuch beim Physiotherapeuten nach umfangreichen Mitschriften. Über Freisprecheinrichtung, Zweithörer etc. können weitere Kollegen am Gespräch teilnehmen.

Zeitsparend telefonieren

- Fassen Sie Telefonate zu Blöcken zusammen und erledigen Sie sie nacheinander. Legen Sie hierfür einen Telefonplan in Ihrem Zeitplansystem an.
- Notieren Sie vorher kurz und stichwortartig Ihre Ziele und Fragen für die Gespräche. Denken Sie vor Verhandlungen auch über Gegenargumente sowie Alternativvorschläge für die Argumente des Partners nach. Halten Sie eventuell benötigte Unterlagen vor dem Gespräch bereit.
- Bevor Sie anfangen, sagen Sie kurz, worum es geht. Wenn Sie einem falschen Ansprechpartner minutenlang Ihr technisches Problem schildern, kostet das Sie beide Zeit.

- Fragen Sie vor längeren Gesprächen, ob der andere jetzt Zeit für die entsprechenden Punkte hat.
- Kluge Notizen während des Gesprächs ersparen Ihnen peinliche Nachfragen oder längeres Grübeln („Wann war jetzt noch mal der Termin?").
- Schreiben Sie Ergebnisse und Folgeaktivitäten des Gesprächs auf.
- Fassen Sie sich kurz und beenden Sie (geschäftliche) Telefonate zügig. Trotzdem können Sie dabei freundlich bleiben. Fassen Sie das Gespräch am Ende kurz zusammen – das hilft auch Ihnen, das Wichtigste zu speichern.
- Wenn der Anrufbeantworter drangeht: Fassen Sie sich kurz. Wiederholen Sie Ihre Rückrufnummer. Wenn Sie nichts aufsprechen wollen, legen Sie *vor* dem Piepston auf.
- Bei Anrufen: Blocken Sie Small Talk ab, wenn Sie es eilig haben. Mit der Frage „Was kann ich für Sie tun?" kommen Sie am schnellsten zum Kern der Sache. Wenn das Telefonat zu lange dauert oder Sie sehr beschäftigt sind, können Sie das Gespräch auch unterbrechen und einen Rückruf anbieten.

Ruhe vor dem Telefon

Richten Sie stille Stunden ein. Ihr Kollege kann Ihr Telefon annehmen, danach übernehmen Sie entsprechend seines. Stellen Sie beim Abschirmen über den Anrufbeantworter die Mithörfunktion aus – sonst können Sie auch selbst rangehen. Lassen Sie andere nicht lügen oder Geschichten erfinden. „Er ist gerade nicht erreichbar. Kann ich etwas ausrichten, für Sie tun oder können Sie nach 16.00 Uhr zurückrufen?" reicht.

Was Meetings effektiv macht

Besprechungen – die moderne Alternative zur Arbeit

„Sind Sie einsam? Gehen Sie zu einer Besprechung! Sie können dort:

- nette Leute treffen,
- sich wichtig fühlen,
- Charts erstellen,
- Ihre Kollegen beeindrucken,
- Kaffee, Getränke und Knabbereien genießen

... und all dies während der Arbeitszeit."

In diesem ironischen Aushang in einem Büro steckt sicher mehr als ein Körnchen Wahrheit. Was kostet es wohl, wenn Sie und fünf Ihrer Kollegen eine viertel Stunde auf zwei weitere Teilnehmer warten müssen oder eine Stunde unnütz in einem schlecht vorbereiteten oder gar unnötigen Meeting vergeuden? Sie können dies ja einmal auf ein Jahr hochrechnen: Bei zweiwöchentlichen Besprechungen ergeben sich in der Tat immense Kosten – die genauso zu vermeiden wären wie die verschwendete Zeit.

Mit ein paar einfachen sowie lapidar erscheinenden Grundregeln, die aber leider häufig nicht beachtet werden, können Sie Ihre Besprechungen effektiver gestalten.

Checkliste: Tipps für effektive Besprechungen

- Erstellen Sie eine klare, schriftliche Tagesordnung.
- Legen Sie Ziele fest. Beschreiben Sie dabei auch, welche Art Ergebnisse erreicht werden soll.
- Sorgen Sie dafür, dass alle Unterlagen rechtzeitig vorher und nicht erst zu Beginn des Meetings ausgegeben werden.
- Die Teilnehmer müssen sich vorbereiten.
- Legen Sie vorher eindeutig einen qualifizierten Leiter für die Besprechung fest
- Halten Sie Anfang und Ende unbedingt ein!
- Flipcharts visualisieren Fragen und Zwischenergebnisse.
- Kurze Pausen und frische Luft machen wieder aufmerksam und munter.
- Protokolle sind kurz und knapp zu halten. Aufgaben werden am besten in einer To-do-Liste festgehalten. (Wer? Was? Wann?)

Besprechungen können ein Vergnügen sein, wenn sie auch effektiv sind.

Worauf achten vor der Besprechung?

„Die besten Besprechungen sind die, die nicht stattfinden." Nun, das ist nicht immer richtig – dennoch sollten Sie Alternativen prüfen: Können z.B. zwei Besprechungen zusammengelegt werden (gerade, wenn Teilnehmer anreisen müssen)? Ist eine Telefonkonferenz oder eine Entscheidung eines höheren Verantwortlichen bzw. eines kleinen, hierfür benannten Teams die bessere Alternative?

Ersparen Sie es Kollegen oder Mitarbeitern, ihre Zeit unnötig in Besprechungen zu verbringen. Halten Sie die Teilnehmerzahl generell klein. Fragen Sie:

- Wer ist von Entscheidungen der Besprechung wirklich direkt betroffen? Reicht ein Stellvertreter für alle?
- Wer verfügt über das nötige Fachwissen und wird wirklich gebraucht?
- Wer trägt die (rechtliche, finanzielle, administrative) Verantwortung für die Entscheidungen? Und wer führt die Entscheidungen aus? Reicht es, wenn diese Personen informiert werden (etwa durch das Protokoll)?
- Ist ein Moderator unbedingt nötig? Wer der ohnehin Anwesenden könnte die Moderation übernehmen?
- Überlegen Sie, ob einige Teilnehmer eventuell nur bei den ersten Punkten der Tagesordnung anwesend sein müssen. Stellen Sie die Tagesordnung gegebenenfalls entsprechend um.

> Für den Erfolg einer Besprechung wirklich wichtige Personen sind der Leiter bzw. Moderator und der Protokollant. Der Leiter ist gleichzeitig als „Zeitwächter" für die Einhaltung des Zeitplans und die Begrenzung zu langer Einzelbeiträge verantwortlich.

Spielregeln für die Besprechung festlegen

Vereinbaren Sie allgemeingültige Regeln für die Kommunikation und Zusammenarbeit, die an alle weitergegeben werden.

Hierzu zählen z.B. Redezeitbegrenzungen, das Verhalten in festgefahrenen Situationen, Feedbackregeln und Regeln zur Entscheidungsfindung.

Vereinbaren Sie mit allen in Ihrer Abteilung für interne Meetings harte Strafen für Verspätungen. Wer zu spät kommt, muss später den Raum aufräumen, für alle das Mittagessen bezahlen oder er darf an der momentanen Sitzung nicht mehr teilnehmen. Das klingt sehr hart, ist aber der einzige Weg, ständige Verzögerungen durch die zu spät Kommenden zu vermeiden. Wichtig ist, dass die Sanktionen nicht zur heimlichen Belohnung für die anderen werden („Wer ist heute der edle Eisspender?"), und dass alle vorher zugestimmt haben. Spätestens nachdem Sie dreimal „durchgegriffen" haben, funktioniert diese Methode.

Wie Zeit sparen während der Besprechung?

Achten Sie während der Besprechung auf die zeitkritischen Punkte: ablenkende Unterhaltungen, Abschweifungen, festgefahrene Meinungsverschiedenheiten, pure Machtkämpfe, der tote Punkt, falsche Informationen vorab oder übereilte Beschlüsse sind nicht mehr zielführend. Manchmal sind dann eine kurze Pause oder eine Vertagung bestimmter Punkte besser als das Problem sofort lösen zu wollen.

Fassen Sie am Ende die Ergebnisse zusammen. Halten Sie schriftlich fest, was wann von wem durchzuführen ist. Vereinbaren Sie benötigte Folgebesprechungen.

Schreiben Sie Protokolle sofort auf dem Notebook mit, dann können Sie sie im Anschluss an die Besprechung direkt an alle Betroffenen mailen bzw. ausdrucken und verteilen. Optimal ist es, wenn Sie das Protokoll bereits während der Erstellung zur Kontrolle mit einem Videoprojektor zeigen – Missverständnisse lassen sich so sofort beseitigen.

Lernen Sie zu delegieren

Viele Leute machen noch immer Aufgaben selber, die Kollegen oder Mitarbeiter wesentlich schneller und besser erledigen könnten. Als Rechtfertigung werden immer wieder dieselben Gründe vorgebracht, zum Beispiel:

- Delegieren ist riskant.
- Es macht mehr Spaß, alles selbst zu machen.
- Ich kann es besser. Ich bin schließlich der Experte.
- Es geht schneller, wenn ich es selber mache.
- Ich mache diese Arbeit gern.

Nie vorgebracht werden hingegen die wirklichen Motive: Etwa, dass man unsicher ist und sich keine Blöße geben möchte („Vielleicht macht Kollegin Müller das ja viel besser als ich?"). Oder dass man die Kontrolle über seine Aufgaben nicht verlieren möchte. Oder dass man schlichtweg eingebildet ist und sich für unabkömmlich hält. Oder dass man Angst hat, Macht zu verlieren.

Dabei erspart Ihnen Delegieren nicht nur Arbeit, sondern hat noch weitere Vorteile, die oft übersehen werden:

- Sie können Ihre Stärken woanders effektiver einsetzen.

- Andere Menschen können von den Aufgaben profitieren, die Sie delegieren – Verantwortung zu tragen motiviert.
- Sie können die gewonnene Zeit für andere Projekte nutzen, für Aus- und Fortbildung, für Ihre Planung, für kreative Aufgaben, für die Pflege von Beziehungen etc.

Delegieren kann man lernen. Auch wenn man keine Führungsposition innehat. Und wenn Sie sich zwischen zahlreichen Aufgaben zu zerreißen drohen, *müssen* Sie es sogar lernen, wenn Sie weiterkommen wollen und nicht irgendwann einmal zu den Burn-out-Opfern zählen wollen.

> Delegation ist ein ausgezeichnetes Mittel der Personalentwicklung. Sie gewinnen damit neue Kompetenzen und Kreativität für die Zukunft des Unternehmens.

So delegieren Sie erfolgreich

Besonders im Bereich Ihrer C- und D-Aufgaben sollten Sie öfter einmal delegieren, wenn Ihnen dies in der Unternehmenshierarchie möglich ist.

Grundsätzlich gilt: Wenn Sie Aufgaben delegieren, muss der Mitarbeiter oder betroffene Kollege

- verstanden haben, was Sie getan haben wollen,
- davon überzeugt sein, dass diese Aufgabe auch im eigenen Interesse liegt,
- davon überzeugt sein, dass diese Aufgabe für den Erfolg des Betriebs wichtig ist,

- in der Lage sein, die Aufgabe aufgrund seiner Fähigkeiten auszuführen.

Denken Sie daran: Alles, was Sie nicht kommunizieren, kann auch nicht erledigt werden. Greifen Sie auf bewährte Checklisten zurück (siehe Seite 66), das gibt den beauftragten Mitarbeitern oder Kollegen zusätzliche Sicherheit. Worauf Sie beim Delegieren außerdem achten sollten, finden Sie in den folgenden zehn Regeln auf den Punkt gebracht.

Die zehn Regeln erfolgreichen Delegierens

1 **D**enken Sie nach, was Sie delegieren wollen.

2 **E**ntscheiden Sie, an wen Sie es delegieren.

3 **L**isten Sie auf, was zu tun ist.

4 **E**rklären Sie die einzelnen Aufgabenschritte.

5 **G**eben Sie genügend Training und Feedback.

6 **A**ufgaben müssen Freiraum für eigene Entscheidungen beinhalten.

7 **T**hematisieren Sie die erfolgte Delegation bei allen, die es angeht.

8 **I**ntervenieren Sie nur nach vereinbarten Regeln.

9 **O**ffene Kommunikation ist die Voraussetzung für einen gemeinsamen Erfolg.

10 **N**achkontrolle: Bewerten und loben Sie die erbrachte Leistung.

Schaffen Sie Ordnung auf Ihrem Schreibtisch

Zeitersparnis ist ein großes Argument für ein gewisses Maß an Ordnung und System. Daher geben wir Ihnen in diesem Kapitel Tipps, wie Sie Ihren Schreibtisch zeitsparender organisieren.

Wie groß die Ordnung auf Ihrem Schreibtisch ist und welches Ablagesystem Sie benützen, hängt stark von Ihrer persönlichen Arbeitsweise ab. Manche Menschen behaupten, sie könnten nur im Chaos kreativ werden. Für manche ist der überquellende Schreibtisch schon deshalb eine Belastung, weil sich hier eine Ablenkung nach der anderen anbietet. Entscheidend ist, dass Sie durchblicken und die gerade benötigten Arbeitsunterlagen, Notizen, CD-ROMs etc. finden, ohne lange zu suchen.

> Ein durchdachtes und praktisches Ablagesystem erspart Ihnen viel Zeit und Nerven.

Nehmen Sie alles nur einmal in die Hand

Auf den meisten Schreibtischen befinden sich „Wanderdünen" – Stapel von Papieren, Mappen, Klarsichthüllen mit Notizen, Aufgaben etc., die wir wiederholt in die Hand nehmen, nur um sie an einer anderen Stelle wieder abzulegen, ohne dass wir eine Entscheidung getroffen haben, was wir denn jetzt damit machen.

Ziel ist es, jedes Blatt Papier nur ein- bis zweimal in die Hand zu nehmen. D.h., das erste Lesen muss bereits ein Ausleseprozess sein. Nach dem Motto „kleiner Schreibtisch – großer Papierkorb" gehört zum Beispiel vieles gleich in den Papierkorb (erinnern Sie sich an die D-Priorität, Seite 32). Selbst falls Sie nicht sicher sind, ob Sie das Papier noch einmal benötigen: Werfen Sie es in den Papierkorb. Stellen Sie sich immer wieder die Frage: Passiert etwas Furchtbares, wenn ich diesen Brief nicht aufbewahre?

Was Sie nicht sofort bearbeiten können, gehört gleich in eine Wiedervorlage: Falls die Reaktion erst an einem bestimmten Tag erfolgen soll, in eine Mappe mit den Tagen des Monats, ansonsten in eine thematische Ablage (z.B. nach Projekten oder Kunden), wobei Sie gegebenenfalls eine Aufgabe oder einen Termin zur Bearbeitung in Ihr Zeitplanbuch eintragen.

Mit System aufräumen

Es gibt nur vier Möglichkeiten, was Sie mit Papier und Unterlagen tun können: wegwerfen, delegieren, erledigen oder aufschieben.

Wenn also Ihr Schreibtisch überquillt, dann gehen Sie wie folgt vor:

1. Sortieren Sie alle Unterlagen nach Prioritäten.
2. Werfen Sie weg, was Sie und auch ein anderer nicht mehr brauchen: Dafür halten Sie am besten eine große Kiste als Altpapierbehälter parat.

3 Delegieren Sie, was Sie selbst nicht bearbeiten müssen. Versehen Sie die Papiere oder Unterlagen mit Haftnotizen und reichen Sie sie weiter.

4 Erledigen Sie alles, was A-Priorität hat. Allerdings nicht jetzt. Legen Sie die zu erledigenden Dinge auf einen kleinen Stapel. Erledigt wird der erst, wenn der ganze Schreibtisch einmal durchgekämmt ist.

5 Aufschieben können Sie die Unterlagen, die noch Zeit haben und einer geordneten Bearbeitung entgegensehen – legen Sie sie aber systematisch ab! Machen Sie sich eine Notiz im Zeitplanbuch oder verwenden Sie ein Wiedervorlagesystem.

Wie gehen Sie mit den übrig gebliebenen Dokumenten um?

Das parkinsonsche Gesetz sagt: „Alle Arbeiten sind unendlich dehnbar." Natürlich haben Sie nicht alle Infos, natürlich kann man das alles noch schöner und noch besser machen. Aber ist das immer zielführend? Muss jedes interne Schriftstück zum Beispiel perfekt formatiert sein? Nein, oft reicht ein handschriftlicher Vermerk als Antwort auf dem Original (bei internem Schriftverkehr). Um zu verhindern, dass Sie sich verzetteln, sollten Sie sich für jede Arbeit einen bestimmten Endpunkt setzen.

Beispiel

Sie müssen einen Brief schreiben mit einem Angebot. Schauen Sie vor Beginn der Arbeit auf die Uhr und sagen Sie sich: „Jetzt ist es 11.30 Uhr. In zehn Minuten habe ich diese Aufgabe erledigt." Wenn Sie um 11.35 Uhr immer noch nicht über die Anrede hinausgekommen sind, dann machen Sie sich einfach selbst Druck: „Ich habe noch fünf Minuten. Jetzt aber vorwärts." Und plötzlich geht es voran!

Vermeiden Sie Perfektionismus. Setzen Sie sich Zeitgrenzen und treffen Sie dann Ihre Entscheidungen.

Zeit sparen beim Lesen

Das Lesen von Fachzeitschriften ist wichtig, damit Sie sich weiterbilden und Trends mitbekommen. Und Sie brauchen für Ihre Ideen Anregungen von außen. Doch wer hat für die oft prall gefüllten Umläufe mit Fachpublikationen und anderen Unterlagen überhaupt Zeit?

Lesen Sie nur, was Sie wirklich brauchen

Erstellen Sie eine Liste der Publikationen und Unternehmenslisten, die Sie persönlich durchsehen wollen. Andere Unterlagen im Umlauf etc. leiten Sie sofort weiter. Legen Sie die übrigen ankommenden Zeitschriften und fachlichen Unterlagen auf einen Stapel. Fangen Sie auf keinen Fall an zu blättern. Sonst besteht die Gefahr, dass Sie unsystematisch lesen und hängen bleiben – und die Zeit verrinnt! Suchen Sie sich monatlich einen festen Termin für das Abarbeiten des Stapels. Wenn die Zeit gekommen ist, den Stapel durchzusehen, gehen Sie wie folgt vor:

- Lesen Sie zunächst nur das Inhaltsverzeichnis. Nur wenn die Überschrift eine lohnende Lektüre verspricht, nehmen Sie sich den entsprechenden Artikel/die Unterlagen vor.
- Wenn Sie in einer bestimmten Zeitschrift mehrmals hintereinander nichts Interessantes entdeckt haben, bestellen Sie die Zeitschrift ab.
- Prüfen Sie, was Sie Lesen sollen. Nur weil Ihnen jemand etwas zu Lesen gibt, bedeutet das nicht automatisch, dass Sie es auch lesen müssen.
- Machen Sie sich mit Techniken für schnelles Lesen vertraut. Dafür gibt es Kurse und Bücher. Wer allerdings nicht regelmäßig übt, wird die erhöhte Lesegeschwindigkeit nicht beibehalten können.

Die E-Mail-Flut bewältigen

Spam (unaufgeforderte Werbung) und E-Mails, die als Kopie an etliche Personen gleichzeitig verschickt werden, obwohl sie nur für wenige der Empfänger relevant sind, verstopfen unseren Posteingangs-Ordner. Auch nach Abzug dieser nutzlosen Nachrichten bleiben täglich meist dutzende bis hin zu über hundert zu bearbeitenden E-Mails übrig. Alle, die viel mit dem Computer arbeiten, sind inzwischen der E-Mail-Flut ausgesetzt. Kein Wunder, kommen doch inzwischen fast alle Informationen, die früher den klassischen Postweg oder über die Hauspost gingen, inzwischen über das Mail-System – viel schneller, kostengünstiger und bequemer. Die Gefahr des Mediums ist jedoch, dass einfach alle Informationen, ob nun benötigt oder nicht, ob wichtig oder nebensächlich, losgeschickt werden – denn es geht ja so schnell. Wie können Sie da den Überblick behalten?

Legen Sie Ordner an

Nehmen Sie sich einen Tag Zeit, um eine für Sie sinnvolle Ordnerstruktur anzulegen. Diese könnten Sie z.B. nach Projekten oder Kunden, Abteilungsinterna usw. sortieren. Wählen Sie pro Ebene drei bis sieben Ordner und höchstens drei Ebenen für die Verschachtelung.

Beispiel

Alle Newsletter landen automatisch über einen Filter in einem News-Ordner. Außerdem haben Sie weitere Ordner für alle Projekte angelegt, wobei Sie laufende und abgeschlossene Projekte unterscheiden. Als Produktmanager können Sie auch eine Strukturierung nach Ihren Produkten, Reihen oder Serien vornehmen. Oder Sie übernehmen die Produktionsphasen/-termine als Ordnungslogik.

> Wichtig ist, eine Struktur zu wählen, die Ihren Arbeitsprozessen entspricht.

Wenden Sie das Eisenhower-Prinzip an

Halten Sie dann Ihren Eingangskorb leer. Auch auf E-Mails können Sie die vier Prioritätsstufen des Eisenhower-Diagramms (siehe Seite 29) anwenden, meist können Sie schon anhand von Absender und Betreff entscheiden, welche

Priorität die E-Mail hat. Prüfen Sie, ob es Sinn macht, Ordner für bestimmte E-Mails der A- und B-Kategorie anzulegen. Die E-Mails der Kategorie D (Werbung, Witze usw.) können Sie sofort ungelesen löschen. Entscheiden Sie bei C-Mails: Entweder ist diese Nachricht es wert, dass ich mich sofort kurz darum kümmere oder ich werde sie löschen. Wenn die Nachricht ein Handeln zu einem bestimmten späteren Zeitpunkt erfordert: Gleich in den Kalender übertragen und die E-Mail löschen.

Mit der „Organisieren"-Funktion in Outlook können Sie Nachrichten Ihrer wichtigsten Kunden, Geschäftspartner, Vorgesetzten usw. automatisch einfärben, so dass sich diese Nachrichten vom Rest abheben. Oder Sie verschieben mit Hilfe von Filterfunktionen Ihres E-Mail-Programms (z.B. dem Regel-Assistenten in Outlook) bestimmte Nachrichten automatisch in den dafür angelegten Ordner. Die Ordner für Newsletter sehen Sie dann nur einmal pro Woche durch.

> Machen Sie sich mit den Filterfunktionen vertraut und schaffen Sie ein für Sie passendes Ordnungssystem.

E-Mails gleich beantworten?

Viele fühlen sich gedrängt, eine neu eingetroffene Nachricht sofort zu öffnen, sei es aus Neugier, sei es aus Angst, etwas Wichtiges zu übersehen. Doch nicht jede Mail müssen Sie sofort lesen oder gar bearbeiten. Wenn Sie beim Eintreffen einer neuen E-Mail jedes Mal Ihre Tätigkeit unterbrechen, benötigen Sie danach viel Zeit, um sich wieder in die Aufgabe hineinzuversetzen. Überlegen Sie einmal, ob es nicht reicht, nur ein- bis fünfmal am Tag Ihren E-Mail-Eingang im Block zu überarbeiten, solange Sie keine dringenden Nachrichten erwarten.

Achtung: Kunden erwarten oft eine Antwort innerhalb eines Tages oder weniger Stunden – und erhalten diese bei der Konkurrenz, falls Sie nicht rechtzeitig reagieren.

Signaturen effektiv nutzen

Die Signaturfunktion ist mehrfach praktisch: In wenigen Sekunden fügen Sie Ihre kompletten Adressdaten ein, so dass der Empfänger nicht suchen muss. Mit mehreren Signaturen können Sie entscheiden, wer Ihre Handynummer bekommt und wer nicht.

Die Möglichkeit, Signaturen als Dokumentvorlagen zu verwenden, wird bisher nur selten genutzt, ist aber sehr praktisch. Sie können wiederkehrende Texte wie Angebote, Einladungen zu Meetings mit Struktur der Tagesordnung usw. als Signatur anlegen, diese an eine leere E-Mail anfügen und müssen anschließend nur noch die entsprechenden variablen Daten einsetzen.

Weitere praktische Tipps zu E-Mails

Wenn Sie sich ausführlicher mit dem Kampf gegen die E-Mail-Flut beschäftigen möchten und weitere Tipps zum effektiven Mailen mit Outlook suchen, laden Sie am Besten gleich zur Vertiefung unser für Sie kostenfreies e-Book herunter: „E-Müll für Dich – wie Sie mit Outlook die Nachrichtenflut in den Griff bekommen" (www.zeit-im-griff.de/tg/e-muell).

E-Mails effizienter schreiben

Die folgenden Regeln sparen Ihre Zeit sowie die der Adressaten – und gehören damit auch zur allgemeinen Netiquette:

- Füllen Sie die Betreffzeile immer aus – kurz und prägnant.
- Wenn nicht gerade nur Minuten zwischen dem Eintreffen der Nachricht und Ihrer Antwort vergehen, passen Sie den Betreff an. Dabei muss erkennbar bleiben, worauf Sie antworten – wenn nötig, hängen Sie in Klammern den ursprünglichen Betreff an. Bei internen Mails reicht manchmal der Betreff als Nachricht anstatt eines Textes.
- Vermeiden Sie unnötig lange Formulierungen und überflüssige Antwortmails wie „Danke" für jede gewöhnliche Kleinigkeit im geschäftlichen Bereich (wenn aus anderen Gründen eine Antwort erforderlich ist oder bei besonderen Anlässen können Sie es natürlich gerne unterbringen). E-Mail ist ein relativ informelles Medium.
- Nutzen Sie praktische Kürzel im Betreff. „FYI" *(for your information)* zeigt etwa an, dass keine Antwort nötig ist.
- Löschen Sie beim Antworten von der Originalnachricht alles, was nicht unbedingt zum Verständnis Ihrer Antwort nötig ist. Nur wichtige Stichpunkte oder Fragen, auf die Sie mit Ja oder Nein antworten, lassen Sie stehen.
- Leiten Sie E-Mails nur dann weiter, wenn der Absender einverstanden ist. Im Zweifelsfall fragen Sie besser nach.
- Formulieren Sie so kurz und übersichtlich wie möglich, nutzen Sie Absätze mit folgenden Leerzeilen als Gestaltungselement. Das spart Zeit beim Empfänger und erhöht

die Wahrscheinlichkeit, dass Ihre wichtigsten Punkte nicht untergehen.

- Halten Sie Anhänge klein und deren Anzahl gering. Ob in Unternehmen mit Größenbeschränkungen des Postfachs oder beim Abruf mit mobilen Geräten, die je nach technischer Ausstattung sowie aktuellem Aufenthaltsort des Benutzers noch nicht immer und überall für große Datenmengen gerüstet sind: Niemand freut sich über 20 MB große Anhänge, die kleiner möglich gewesen wären oder unnötig sind. Komprimieren Sie große Dateien ins Zip-Format.
- Versenden Sie Dateien in Standardformaten (z.B. PDF) – sonst kann der Empfänger sie eventuell nicht öffnen.
- Schicken Sie nur dann eine Kopie an andere Personen bzw. eine Nachricht an einen Verteiler, wenn dies unbedingt nötig ist. Halten Sie die Zahl der Empfänger so klein wie möglich.
- Wenn es schon sein muss, dann leiten Sie Mails mit Witzen nur an Personen weiter, die dies nicht als Ballast empfinden. Löschen Sie Junkmails sofort. Teilen Sie es den Absendern mit, wenn Sie entsprechende Mails nicht empfangen wollen – sonst werden es nie weniger.

Falls Sie Ihre Mails unterwegs noch nicht abrufen und beantworten können (oder dies anders als auf Dienstreisen im Urlaub einfach nicht wollen): Nutzen Sie die automatische Abwesenheitsmeldung, damit Kunden und Kollegen wissen, dass Sie die Nachricht ggf. erst Wochen später lesen können.

So werden Sie Ihr Zeitmanager

Zeitmanagement ist kein Einheitsschuh, der jedem passt. Finden Sie die Techniken und Instrumente, die zu Ihrer Persönlichkeit passen und die sofort Wirkung zeigen.

In diesem Kapitel erfahren Sie,

- welcher Zeitmanagementtyp Sie sind (S. 110) und
- wie Sie Ihre innere Einstellung optimieren (S. 118).

Was für ein Zeitmanagementtyp sind Sie?

Jeder Mensch ist anders. Während die einen es z.B. lieben, penibel Formulare auszufüllen, brauchen die anderen Freiräume für Kreativität und Spontaneität. Der eine verzettelt sich im Perfektionismus, der Nächste im Planen oder im Übereifer, er möchte zu viel zu schnell erledigen. Für das Zeitmanagement bedeutet dies: Sie müssen die Instrumente finden, die Ihrer Persönlichkeitsstruktur entsprechen.

Auf den folgenden Seiten stellen wir Ihnen vier verschiedene Persönlichkeitstypen vor: den dominanten, den initiativen, den stetigen und den gewissenhaften Zeitmanager.

Sicher sind ein oder zwei Typen dabei, die Ihnen ähneln. Finden Sie mit Hilfe der Checklisten heraus, zu welchem Persönlichkeitstyp Sie am ehesten gehören und welche speziellen Tipps für Sie gelten. Streichen Sie bei jedem der vier Typen die Aussagen an, in denen Sie sich wiederfinden. Lesen Sie dann die Tipps für die beiden Typen, bei denen Sie die meisten Häkchen haben.

Die hier beschriebene Typologie stammt von der Firma persolog (www.persolog.net). Persolog-Profile (D-I-S-G) helfen, sich selbst und andere besser zu verstehen. Die folgenden Zeitmanagementtipps stammen mit freundlicher Genehmigung aus Seiwert/Gay, „Das 1x1 der Persönlichkeit", 13. Aufl., Offenbach 2008.

Sind Sie ein dominanter Zeitmanager?	✓
▪ Ich analysiere schnell und erkenne sofort das Wesentliche.	
▪ Ich mache mir wenn überhaupt nur grobe Pläne.	
▪ Ich will am liebsten immer alles sofort erledigen.	
▪ Ich erledige Dinge nebenbei, während ich mit jemandem spreche.	
▪ Ich gehe die anliegenden Aufgaben zügig an.	
▪ Ich hasse Langeweile und Unterforderung.	
▪ Ich habe gerne viele Eisen im Feuer.	
▪ Ich handle oft impulsiv und denke die Dinge dabei manchmal nicht richtig zu Ende.	
▪ Ich tendiere zu Durcheinander und Hektik.	
▪ Ich dominiere Diskussionen, v. a. in Meetings.	
▪ Ich unterbreche andere, wenn mir etwas Dringendes einfällt, werde aber selbst ungern gestört.	

Zehn Zeitmanagement-Tipps für Dominante

1. Setzen Sie Prioritäten. Nehmen Sie sich Zeit, Ihre Ziele und Erwartungen aufzuschreiben und sich über wichtige Prioritäten klar zu werden.
2. Durchdenken Sie ein Projekt in allen Einzelheiten und schätzen Sie den Zeitbedarf ab, bevor Sie es übernehmen.
3. Seien Sie mit anderen geduldiger, geben Sie diesen einen gewissen zeitlichen Vorlauf.

4 Überschütten Sie andere nicht mit zu vielen Anliegen und Projekten auf einmal.

5 Unterbrechen Sie andere weniger, hören Sie dafür mehr aktiv zu.

6 Bleiben Sie aufmerksam, wenn andere mit Ihnen sprechen, halten Sie Blickkontakt.

7 Wetteifern Sie weniger und arbeiten Sie mehr mit anderen zusammen.

8 Erst nachdenken, dann (weniger voreilig) handeln.

9 Schalten Sie einen Gang zurück, verlangen Sie von anderen nicht so viel wie von sich selbst.

10 Entspannen Sie sich. Nehmen Sie sich auch einmal bewusst Zeit für Muße, Ruhe, Nichtstun.

Sind Sie ein initiativer Zeitmanager?	✓
▪ Ich nehme gerne neue, interessante Aufgaben an.	
▪ Ich wechsle häufig die Prioritäten.	
▪ Ich bin oft in zu viele Aufgaben verstrickt.	
▪ Ich bringe wenig Disziplin für Zeitplanung auf.	
▪ Ich tendiere dazu, Aufgaben nicht vollständig abzuwickeln und zwischen Aufgaben zu springen.	
▪ Mein Büro ist unordentlich, ich neige zum Chaos.	
▪ Ich sage zwar gerne spontan ja, kann dann die Arbeit aber oft doch nicht ausführen.	

Sind Sie ein initiativer Zeitmanager?	✓
▪ Ich vermeide Routinearbeiten und erledige diese nur, wenn unbedingt notwendig.	
▪ Ich unterbreche andere und lasse mich auch gerne unterbrechen und ablenken. Ich unterhalte mich auch oft viel lieber, als zu arbeiten.	
▪ Ich habe Probleme mit der Pünktlichkeit.	
▪ Ich bin in Meetings oft nicht oder nur schlecht vorbereitet.	

Zehn Zeitmanagement-Tipps für Initiative

1. Beenden Sie angefangene Aufgaben, bevor Sie etwas Neues beginnen.
2. Lassen Sie sich nicht unterbrechen und nehmen Sie Unterbrechungen nicht zum Anlass, sich Tagträumereien hinzugeben.
3. Arbeiten Sie konsequent an begonnenen Projekten.
4. Arbeiten Sie konsequent daran, pünktlich zu sein.
5. Rennen Sie unwichtigen Dingen nicht hinterher, vergeuden Sie Ihre Energie nicht unnötig.
6. Fixieren Sie Aufgaben schriftlich. Erstellen Sie eine To-do-Liste mit Prioritäten und halten Sie sich daran.
7. Erstellen Sie einen Tagesplan und bringen Sie mehr Struktur in Ihren Arbeitstag.
8. Benutzen Sie ein Zeitplanbuch – auch als Mittel zur Motivation und Selbstdisziplin.

9 Räumen Sie Ihren Schreibtisch auf und misten Sie Ihre Ablagekörbe aus.

10 Vermeiden Sie „private" Störungen. Begrenzen Sie die Zeit für Ihren privaten Schwatz, seien Sie weniger gesellig.

Sind Sie ein stetiger Zeitmanager?	✓
▪ Ich arbeite zunächst langsam, aber dafür beständig, gründlich, der Reihe nach und zuverlässig.	
▪ Ich hasse Termindruck und setze Prioritäten, weil sie Ordnung und Sicherheit schaffen. Ich schreibe viel auf, damit ich alles richtig mache.	
▪ Ich brauche Zeit, um Dinge in Ruhe zu bedenken.	
▪ Ich bin in der Regel gut organisiert.	
▪ Ich sage ungern nein, weil es die Beziehungen belasten könnte.	
▪ Ich vermeide Konfrontationen nach Möglichkeit.	
▪ Ich ertappe mich öfter dabei, Aufgaben mit Termindruck zugunsten weniger wichtiger und nicht so dringender Dinge liegen zu lassen.	
▪ Ich bin bei Sitzungen pünktlich, aber zurückhaltend und übernehme ungern die Verantwortung.	
▪ Ich brauche viel Bestätigung und Feedback, wenn Aufgaben an mich delegiert wurden, besonders zu Beginn.	

Zehn Zeitmanagement-Tipps für Stetige

1. Suchen Sie nach neuen Wegen, um schneller zu gewünschten Ergebnissen zu kommen, statt an bewährten Abläufen festzuhalten.
2. Verbessern Sie die Effizienz Ihrer zeitlichen Arbeitsabläufe, beschleunigen Sie Prozesse.
3. Halten Sie öfter Rücksprache mit anderen, um Prioritäten und Aktivitäten abzustimmen.
4. Erkennen und lösen Sie Probleme. Gehen Sie die Lösung zwischenmenschlicher Konflikte an.
5. Beginnen Sie Ihren Arbeitstag früher, um Zeitdruck zu vermeiden.
6. Denken Sie weniger an den Arbeitsaufwand, sondern mehr an die Ergebnisse.
7. Achten Sie auf Endtermine, ohne sich dadurch zu blockieren.
8. Sehen Sie Veränderungen positiv, sie bereichern Ihr Leben.
9. Nehmen Sie Dinge einfach selber in die Hand; fangen Sie mit kleinen Sachen an.
10. Trauen Sie sich mehr zu. Sprechen Sie lauter. Sagen Sie öfter einmal nein.

Sind Sie ein gewissenhafter Zeitmanager?	✓
▪ Ich tendiere dazu, mich in Details zu verlieren.	
▪ Ich mache immer ausführliche, detaillierte Pläne.	
▪ Ich analysiere jede Einzelheit ganz genau.	
▪ Ich verbringe oft zu viel Zeit mit der Planung, statt die eigentliche Aktion durchzuführen.	
▪ Ich bedenke alle Prioritäten mehrmals gründlich.	
▪ Ich sage nein, wenn eine neue Aufgabe nicht ins vorhandene Konzept passt.	
▪ Ich halte sehr lange Präsentationen, die andere oft zu komplex finden.	
▪ Ich habe in Konferenzen Schwierigkeiten, schnell zur Entscheidungsfindung zu kommen.	
▪ Bei Meetings bin ich immer pünktlich und perfekt vorbereitet, ich bringe viele Unterlagen mit.	
▪ Ich halte jede Vorschrift immer sehr genau ein.	
▪ Ich habe meinen Schreibtisch perfekt aufgeräumt, alles hat seinen festen Platz.	
▪ Ich beschreibe Delegationsaufgaben bis ins Detail und verlange über alles ausführliche Berichte.	

Zehn Zeitmanagement-Tipps für Gewissenhafte

1. Überdenken Sie Ihre Planungszeiten. Bei zu viel Planung bleibt zu wenig Zeit für die Umsetzung.
2. Konzentrieren Sie sich auf Ergebnisse, nicht auf Perfektion in der Erledigung.
3. Sie können nicht jedes Risiko vermeiden. Verinnerlichen Sie das.
4. Treffen Sie Entscheidungen, auch wenn Ihnen weniger Informationen zur Verfügung stehen, als Ihnen lieb ist.
5. Verwenden Sie nicht so viel Zeit darauf, Dinge zu analysieren.
6. Setzen Sie sich ein striktes Zeitlimit für die Erledigung Ihrer Aufgaben.
7. Setzen Sie sich realistische Ziele. Erwarten Sie von sich nicht zu hohe Standards.
8. Erkennen Sie, dass Perfektion auch ihre Grenzen hat: Gut ist besser als perfekt.
9. Werden Sie lockerer in Ihren Erwartungen an sich und an andere; lassen Sie einmal fünf gerade sein.
10. Menschen sind wichtiger als Vorschriften und Richtlinien. Machen Sie sich das bewusst.

Wie Sie Ihre Gewohnheiten ändern

Im Zeitmanagement gibt es „harte" Faktoren (Zeitplansysteme, Pareto-Prinzip, Zielplanung usw.) und „weiche" Faktoren, die genauso wichtig, wenn nicht noch wichtiger sind. Um diese geht es in unserem Abschlusskapitel.

Ihre innere Einstellung zählt

Die Wahrheit tut weh: Zeitmanagement bedeutet in erster Linie Selbstdisziplin. Am wichtigsten sind Ihre innere Einstellung und Motivation – und dass Sie aktiv werden. Die Zeit können wir nicht managen, nur unseren Umgang mit ihr. Um mehr in weniger Zeit zu erreichen gibt es keine Zaubertricks – wir müssen wissen, wo wir hinwollen, was uns am wichtigsten ist, was wir erreichen können und wie.

Der schlimmste Zeitfresser

Der schlimmste Zeitfresser ist, wenn wir unsere Situation nicht analysieren. Wenn wir Fehler machen und nichts daraus lernen, wenn wir den Kopf in den Sand stecken. Oft geben wir zu früh auf oder sind uns sicher, dass wir „ja eh nichts machen können" oder „ein Opfer äußerer Umstände" sind (des Chefs, der Kollegen, Kunden, Zulieferer oder auch des Wetters, Schicksals, der Sterne, des Datums Freitag des dreizehnten usw.). Dann haben wir aber keine Handlungsmöglichkeit mehr, um das Problem zu lösen.

> „Ich bin davon überzeugt, dass mein Leben zu zehn Prozent aus dem besteht, was mit mir geschieht, und zu neunzig Prozent aus dem, wie ich darauf reagiere." *Charles Swindoll*

Eine genaue Analyse unserer Situation zeigt uns jedoch, dass wir selbst durch unserer Reaktion auf die Umstände das Problem verursachen oder es etwas anders einfach besser geht. Wir möchten Ihnen den springenden Punkt an einem Beispiel erläutern.

Beispiel: Mein Problem mit der Unpünktlichkeit

Mein Problem in der Vergangenheit war grauenhafte Unpünktlichkeit. Nur zu den wichtigsten beruflichen Meetings war ich pünktlich. Selbst mein bester Freund Markus und seine Frau Mareike mussten regelmäßig eine halbe Stunde oder länger auf mich warten, wenn ich sie besuchen wollte. Jedes Mal passierte etwas anderes: Ich bekam kurz vor Aufbruch eine E-Mail, die ich noch „schnell" beantworten wollte. Ein andermal wollte ich noch den vorbestellten Antennenadapter für mein Handy auf dem Weg abholen. Aber es dauerte 20 Minuten, bis der Verkäufer ihn im Lager gefunden hatte; danach erwischte ich genau die Kasse, an der ich am längsten anstehen musste. Beim nächsten Mal klingelte zehn Minuten vor Aufbruch das Telefon. Der Anruf war nicht dringend, dauerte aber trotzdem 45 Minuten. Ein anderes Mal kam ich noch relativ pünktlich los, allerdings mitten im Berufsverkehr. Ich erwischte bei allen fünf Ampeln auf dem Weg die Rotphase. Eine Baustelle auf dem Weg tat ihr Übriges.

Warum geht es bei mir immer schief?

Wie Sie sehen, konnte ich überhaupt nichts dafür, oder? Ich war das Opfer unglücklicher Umstände, an denen ich nichts ändern konnte: Baustellen, Berufsverkehr, lahme Verkäufer usw. Da nützte es auch nichts, mich aufzuregen.

Natürlich waren die Ampeln rot, der Verkäufer nicht der Schnellste usw. Aber das passiert anderen Leuten auch, und sie sind trotzdem pünktlich. Hätte ich nicht damit rechnen können, dass solche Ereignisse eintreten würden? (Hier sehen Sie, wie wichtig unverplante Pufferzeiten sind.)

> Kennen Sie das? Versuchen Sie einmal, das Beispiel auf einen Bereich in Ihrem Leben zu übertragen, der Ihnen ständig aus dem Ruder läuft!

Übernehmen Sie die Verantwortung!

Irgendwann sah ich mir die Gründe für mein dauerndes Zuspätkommen noch einmal an – und plötzlich wurde mir schlagartig klar: „Natürlich bin ich selbst schuld!" Ich wollte die Zeit immer bis zum Letzten ausnutzen und habe mich dabei furchtbar verzettelt. Diese Erkenntnis hatte eine wichtige Folge: Da ich verantwortlich war, konnte ich auch etwas ändern. Inzwischen gehe ich vor *allen* wichtigen Terminen nur noch leichten sowie kurzen Tätigkeiten nach und fahre prinzipiell früher los.

> Verantwortung zu übernehmen ist bei vielen Problemen das eigentliche Problem – und gleichzeitig der erste Schritt zur Lösung.

Unser Verhalten können wir immer ändern

Tatsächlich sind wir für fast alles, was mit uns geschieht, zumindest zum Teil verantwortlich. Wir beeinflussen die Wirkung äußerer Umstände auf uns maßgeblich durch unser Verhalten und unsere Einstellung. Beides können wir jederzeit ändern. Wir können herumsitzen und uns beschweren, weil wir „ja sowieso nichts ändern können". Oder wir lernen, das, was wir nicht beeinflussen können, zu akzeptieren, und finden die uns möglichen Wege, etwas an unserer Situation zu ändern. Und wir lernen, anders als bisher auf das von uns nicht Änderbare zu reagieren. Der Schlüssel zu Freiheit von Stress, Überlastung und Zeitnot sowie zum Erfolg liegt also in uns selbst.

Übernehmen Sie Verantwortung für das, was schief läuft. Überdenken Sie die Situation, suchen Sie nach Ursachen und ändern Sie das, was in Ihrer Macht steht!

Motivation ist das Wichtigste

Ein weiterer wichtiger Faktor ist unsere Motivation, die mit unserer Einstellung wesentlich zusammenhängt – und sie ist viel wichtiger als Techniken oder Hilfsmittel. Vergleichen Sie einmal Ihre Produktivität von einem Tag, an dem Sie keine Lust haben oder gefrustet sind, mit der am letzten Tag vor dem Urlaub, wenn Sie bis abends noch alle restlichen Aufgaben abarbeiten müssen.

Seien Sie optimistisch

Wenn wir mit einer negativen Einstellung an die Dinge herangehen, blockieren und demotivieren wir uns. Auch geben viele Menschen zu früh auf.

Beispiel

Herr Pech, der gerne joggt, ist vor kurzem neu in die Abteilung gekommen und fragt zwei Kollegen: „Habt ihr Lust, mit mir morgen früh eine Stunde zu laufen?" Letzte Woche hatten seine Kollegen morgens immer noch Zeit für eine ausgiebige Unterhaltung gehabt, doch nun bekommt er als Antwort von beiden: „Nein, zu viel zu tun." Herr Pech ist daraufhin gekränkt und geht den beiden in Zukunft aus dem Weg. Als Pessimist hatte er sofort ein „Ich kann Dich nicht ausstehen" verstanden. Doch dass seine Kollegen am nächsten Tag noch dringend ein wichtiges Projekt unter Terminnot fertigstellen mussten, hat er nicht gewusst. Dabei hätte er nur fragen müssen: „Passt es euch übermorgen besser? Ist euch eine Stunde zu lang?", um der Sache auf den Grund zu gehen.

Gehen Sie also nicht immer vom Schlimmsten aus, sondern versuchen Sie die Dinge optimistisch anzupacken. Das entbindet uns allerdings nicht von einer vernünftigen Risikoanalyse, die uns die Kosten- und Terminfallen eines Projektes realistisch einschätzen oder den Regenschirm einpacken lässt, wenn der Himmel voll dunkler Wolken hängt.

> „Es ist nicht genug zu wissen: Man muss auch anwenden; es ist nicht genug zu wollen: Man muss auch tun." *Goethe*

Beweisen Sie Disziplin und Mut. Der Schlüssel zu einem erfolgreichen Zeitmanagement, effektivem Arbeiten und dem Weg aus der Zeitfalle liegt in Ihnen selbst – es kommt auf Ihre Einstellung und Selbstdisziplin bei der Umsetzung an. Planen Sie, fangen Sie an und bleiben Sie auch bei Schwierigkeiten dran!

Wie Sie wirksame Strategien entwickeln

Wenn ich am Morgen eines Seminartages Zahnschmerzen bekäme, würde ich eine Tablette nehmen. Aber am nächsten Tag würde ich dann gleich zum Zahnarzt gehen, denn Tabletten sind nur eine kurzfristige Notlösung. Ganz andere Probleme im Berufsleben bekämpfen wir leider häufig mit „Tabletten". Im ersten Moment verhilft das zur Linderung, aber langfristig gesehen macht es alles nur noch schlimmer.

Beispiel

Herr Meyer verliert oft wichtige Dokumente. Und häufig kommt es vor, dass er hektisch nach Sachen suchen muss, was enorm Zeit kostet. Warum? Weil sein Schreibtisch unordentlich ist. Also räumt Herr Meyer seinen Schreibtisch auf. Immer wieder. Zwei Wochen später ist sein Arbeitsplatz aber erneut völlig überfüllt.

Wenn Sie Ihre Erkenntnisse wirklich umsetzen und etwas ändern wollen, sind drei Schritte notwendig:

1. Identifizieren Sie die Problemquellen.
2. Bekämpfen Sie die Ursachen anstatt die Symptome.
3. Erstellen Sie einen Aktionsplan.

Beispiel

Im Fall von Herrn Meyer wäre die Tablette, den Schreibtisch aufzuräumen. Doch um eine langfristige Lösung zu erreichen, müsste Herr Meyer weiterfragen: Warum ist denn mein Schreibtisch unaufgeräumt? Weil ich kein Ablagesystem und kein System für die Bearbeitung eingehender Dokumente habe. Warum habe ich keines entwickelt? Weil ich zu beschäftigt war. Warum? Weil ich dringende, leichte Aufgaben mit niedriger Priorität, die Spaß machen, den etwas unangenehmeren, schwierigen mit hoher Priorität und hoher Hebelwirkung vorziehe.

Die Lösung für Herrn Meyer ist also, ein System zur vernünftigen Prioritätensetzung einzuführen, in dem die Entwicklung eines Ablagesystems für eingehende Dokumente selbst hohe Priorität hat, und diese Lösung diszipliniert umzusetzen. Die dafür investierte Zeit liegt übrigens deutlich unter der Zeit, die Herr Meyer bislang für das Suchen verlorener Dokumente opfern musste. Ein System zu entwickeln wird ihn schätzungsweise fünf Stunden kosten – einmalig. Auch das Pflegen des Systems ist weniger aufwendig als die ständige Sucherei.

Beginnen Sie jetzt!

1 Suchen Sie sich jetzt sofort die ein oder maximal zwei im Buch behandelten Punkte heraus, bei denen Sie das größte Optimierungspotenzial besitzen. Schreiben Sie Ihre Probleme in diesen Bereichen auf.

2 Identifizieren Sie die Ursachen. Überlegen Sie Lösungsstrategien. Finden Sie jemanden, der Ihnen hilft, Sie kontrolliert und motiviert (notfalls einen externen Coach). Setzen Sie sich realistische und klare Ziele.

3 Überlegen Sie sich zum Abschluss eine echte Belohnung, die Sie sich nach dem Erreichen Ihres Zieles gönnen.

4 Machen Sie anschließend eine kurze Pause und erweitern Sie Ihren Aktionsplan um den nächsten Punkt, den Sie dann auch gleich in Angriff nehmen.

Seminare und Coachings nutzen

Sie besitzen mit diesem Buch bereits viel Material zum Selbststudium. Der Besuch eines Seminars ist daher nicht nötig – in einem Seminar können Sie aber den Stoff leichter, schneller sowie auf angenehme Art lernen und umsetzen. Mit einer Gruppe Gleichgesinnter zu lernen ist durch die Erfahrungen und Beteiligung der Einzelnen auch Ansporn und eine inhaltliche Bereicherung. In Seminaren können Sie zudem gewonnene Kenntnisse auffrischen und an anderen Schwerpunkten arbeiten. Es ist wie beim Sport: Eine Trainerstunde hier und da hat noch niemandem geschadet.

Die Vorteile eines Seminars:

- Sie haben einen vollen Tag Zeit, um sich abgeschottet vom Tagesgeschäft ganz auf das Thema zu konzentrieren. Sie erhalten einen wesentlich tieferen Zugang zu den Themen, als es durch ein Buch möglich ist.
- Sie können detaillierte Rückfragen stellen. Der Trainer begleitet Sie durch Übungen, in denen Sie Ihre individuellen Aufgaben und Ihren Tagesablauf einbringen. Auf Wunsch erhalten Sie sofort Feedback zu den Übungen.

Das Ergebnis: Die meisten unserer Seminarteilnehmer können – unabhängig von ihren Vorkenntnissen – nach dem Seminar 30 Minuten pro Tag einsparen. Damit rentiert sich je nach Ihren Aufgaben, Ihrer Arbeitszeit und Ihrer Position der Seminartag schon nach ein bis drei Monaten im Hinblick auf den investierten Arbeitstag und den Seminarpreis.

Erfolgreicher durch Coaching

Persönliches Coaching hat sich gerade im Zeitmanagement hervorragend bewährt, denn dabei werden ganz gezielt individuelle Probleme angegangen. Ein Coach hilft Ihnen, an einer Leistungsschwäche zu arbeiten. Er analysiert Ihren persönlichen Arbeitsstil und optimiert mit Ihnen Prozesse und Abläufe entsprechend Ihrer Persönlichkeit. So können Sie Kraft raubende Verhaltensmuster ablegen und neue, speziell auf Sie abgestimmte Gewohnheiten entwickeln (Tipps und Informationen unter www.workshops365.de).

Teil 2: Training Zeitmanagement

Das ist Ihr Nutzen

Kennen Sie das Gefühl, abends nach Hause zu kommen und nichts geschafft zu haben? Wir kennen dies aus unseren Erfahrungen mit Seminarteilnehmern, Coaching-Klienten und nicht zuletzt von uns selbst. In diesem Arbeitsbuch haben wir für Sie praktische Übungen zu den Kernthemen des Zeitmanagements zusammengestellt. Die Übungen wurden im Verlauf langjähriger Erfahrung immer weiter verfeinert. Sie haben sich bewährt, unseren Teilnehmern Lösungsschritte und Ziele aufzuzeigen, um ihr Zeitmanagement zu verbessern.

Glück, Zufriedenheit sowie beruflicher und privater Erfolg hängen maßgeblich davon ab, wie Sie mit Ihrer Zeit umgehen. Nutzen Sie dieses Buch, um an Ihrem persönlichen Zeitmanagement zu arbeiten, damit es Ihnen nicht ergeht wie jenem Baumfäller in den Wäldern Kanadas. Er bewegt mit aller Kraft seine Handsäge und der Schweiß läuft ihm von der Stirn. Ein vorbeigehender Trapper beobachtet ihn einige Minuten, dann spricht er ihn an: „Was halten Sie davon, Ihre Säge zu schärfen. Sie ist ja völlig stumpf. Sie tun sich dann viel leichter und schneller fertig sind Sie auch!" „Das wäre sehr schön," keucht der andere zurück, „aber ich muss fertig werden und habe keine Zeit für solche Spielereien."

Die Autoren wünschen Ihnen mit diesem Buch eine Reihe schärfender Momente als Aufbruch zur Gelassenheit!

Marcus B. Hausner, Martin Kimmich,
Siegried Lachmann, Holger Wöltje

Wie Sie eigene Ziele und Prioritäten setzen

In diesem Kapitel lernen Sie,

- warum Ziele so wichtig sind,
- mess- und machbare Ziele zu formulieren,
- das Leben vom Ende her zu betrachten,
- die 80/20 Regel nach Pareto anzuwenden,
- eigene Prioritäten richtig zu setzen,
- erfolgreich nein zu sagen.

Darum geht es in der Praxis

„Wissen Sie was passiert, wenn Sie keine Ziele haben? Es passiert etwas ganz Schlimmes: nämlich gar nichts!"

Dieses Zitat des amerikanischen Ziele-Spezialisten Gary Ryan Blair macht es deutlich: Ohne Ziele kein Vorankommen. Und: Wenn Sie Ziele haben, dann arbeiten Sie an einer besseren und sicheren Zukunft für sich. Wenn Sie diese nicht haben, dann werden Sie möglicherweise noch nicht einmal merken, dass andere für Sie die Ziele haben und die Richtung angeben.

An der Harvard-University wurden Teilnehmer eines Studiengangs nach 20 Jahren befragt, wie es nach ihrer Studienzeit weiterging. Ganze drei Prozent der Teilnehmer verdienten sehr gut – nämlich zusammen soviel wie die restlichen 97 Prozent. Der Grund: Schon während des Studiums hatten die wenigen Studenten genaue Ziele schriftlich fixiert. An diesen Zielen arbeiteten sie während des Studiums und danach kontinuierlich weiter. Das war der ausschlaggebende Grund für ihren Erfolg.

Wenn Sie die Zukunft ändern wollen, dann greifen Sie in die Zukunft ein. Beginnen Sie mit einer geeigneten Zielplanung und -umsetzung. Der Erfolg ist Ihnen sicher, denn Sie wissen, wohin es geht.

Warum Ziele so wichtig sind

Wünschen Sie sich etwas!

Übung 1
10 min

So viele Menschen sprechen von Zielen. Aber haben Sie sich auch schon häufiger gefragt, was das mit den Zielen eigentlich soll? Nach dem Motto: Erstens kommt es anders und zweitens als man denkt!

Nur wenige Menschen haben die Frage nach Zielen in ihrem Leben klar beantwortet. Die meisten planen zwar ihren Urlaub bis ins Detail, dummerweise planen sie aber nicht ihr Leben. Dabei dürfte bekannt sein: Wenn die Ziele erst einmal klar sind, übernehmen sie die Führung. Ziele führen in eine ganz bestimmte Richtung. Christian Morgenstern formulierte es so: „Wer vom Ziel nicht weiß, kann den Weg nicht haben, wird im Kreise dann all sein Leben traben."

Viele Menschen glauben, sie hätten Ziele, sind sich aber nicht im Klaren darüber, dass es nur gut gemeinte Absichten oder Wünsche sind. Die Unterscheidung von Wunsch und Ziel wird erst im nächsten Schritt beschrieben, unter „Mess- und machbare Ziele formulieren".

Listen Sie Ihre Wünsche in verschiedenen Lebensbereichen auf. Versetzen Sie sich dazu in Ihre Kindheit zurück, als Sie sich ganz stark etwas gewünscht haben.

Was wünschen Sie sich für die folgenden Bereiche?

familiär:

____

finanziell:

____

geistig:

____

sportlich:

____

gesellschaftlich:

____

beruflich:

____

für Ihre Freizeit:

____

Sonstiges:

____

Lösung

Haben Sie die Liste bearbeitet? Vielleicht fragen Sie sich, warum Sie Wünsche eintragen sollen, es geht doch um Ziele. Nun, jedes Ziel beginnt mit einem Wunsch. Auf Ihrer Wunschliste könnte zum Beispiel stehen: drei gesunde Kinder, eine glückliche Partnerschaft, mit 40 finanziell unabhängig sein, am Lebensende Millionär sein, alle Bücher von Goethe lesen, selbst ein Buch schreiben, einen Marathon laufen, viele gute Freunde gewinnen, Spaß und Erfüllung an der Arbeit haben, ein Wohnmobil kaufen, gute Gesundheit, eine Weltreise. Durch Überdenken dieser Wünsche überlegen Sie sich, ob es sich um wirklich wichtige Dinge handelt.

Nur wenn Sie erkennen, wie stark ein Wunsch nach etwas ist, können Sie entscheiden, auf was Sie eher verzichten möchten, wenn Sie sich nicht alle Wünsche erfüllen können.

Die eigene Intuition zu befragen und sich auf seine tiefen Wünsche einzulassen, die vielleicht sogar bereits seit der Kindheit bestehen, hilft Ihnen zu erkennen, für was Sie sich am ehesten selbst motivieren können und in welchen Bereichen Sie bereit sind, mehr Energie zu investieren, um mehr zu erreichen als in anderen. Im Verlauf des Lebens ändern sich die Wünsche eines Menschen häufig ebenso wie die Umstände und das Umfeld. Daher kann es nie schaden, eine solche Liste regelmäßig zu aktualisieren und dabei so ehrlich wie möglich zu sich selbst zu sein. Schließlich geht es nicht um gesellschaftliche Zwänge, sondern um die Verwirklichung Ihrer Wünsche, durch zielgerichtete Handlungen, die Sie öfter als Sie denken selbst planen können.

Praxistipps

- Finden Sie immer wieder heraus, was Sie gern tun würden.
- Legen Sie sich eine Wunschliste oder einen Wünsche-Ordner an. Warum nicht später einmal ein hochwertiges Wünschebuch mit Ledereinband anschaffen?
- Wenn Sie unterwegs sind, leistet ein Diktiergerät hilfreiche Dienste. Sie können darauf spontane Ideen und gute Einfälle festhalten und sie nach Ihrer Rückkehr mühelos wieder in Erinnerung rufen.
- Schreiben Sie auf, was Sie einmal schaffen, erreichen oder haben wollen.
- Sie dürfen ruhig ins Schwärmen geraten und Ihren Gefühlen freien Lauf lassen. Beschreiben Sie, was Ihre Wünsche für Sie bedeuten.
- Das Arbeiten mit Bildern oder Fotos fördert die Begeisterungsfähigkeit und die Vorstellungskraft.
- Fragen Sie sich bei Ihren Wünschen, ob es Ihre eigenen sind oder die anderer Leute!
- Sprechen Sie mit Menschen Ihres Vertrauens über Ihre Wünsche. Welche Wünsche haben andere?

Mess- und machbare Ziele formulieren

Testen Sie Ihren Realitätssinn! Übung 2

10 min

Jahreswechsel. Melanie F. hat sich entschieden, endlich das Rauchen aufzugeben. Heute wird sie noch eine Packung aufrauchen, doch ab Neujahr ist Schluss. Letztes Jahr hat sie das auch schon gesagt.

Roland W. ist ein gern gesehener Kollege. Alle schätzen seine ruhige und nette Art. Allerdings weiß keiner, wie unzufrieden er ist. Er möchte sich unbedingt weiterbilden, weiß aber nicht, wie er diesen Wunsch umsetzen soll.

Die guten Vorsätze, ab Neujahr mit dem Rauchen aufzuhören oder abzunehmen, kennen wir zumindest vom Hörensagen alle. Die wenigsten haben es geschafft. In der Berufswelt ist Weiterbildung sehr oft nötig. Doch nur wenige machen es. Warum sich auch zusätzlich anstrengen? Das Geld kommt ja jeden Monat.

Von guten Vorsätzen müssen wir zu einer Zielformulierung gelangen, die messbar und machbar ist.

- Messbar bedeutet, dass sich die fünf W-Fragen beantworten lassen: Was, wer, wozu, wie viel, wann?
- Machbar bedeutet, dass ein Ziel erreichbar sein muss. 100 Meter in 10 Sekunden zu laufen, ist für viele schwer.

Listen Sie im Folgenden fünf Vorsätze und Wünsche auf:

____

____

____

____

____

Nun überlegen Sie: Welche Punkte dieser Liste sind nach reiflicher Überlegung realistisch?

____

____

____

____

Nehmen Sie einen realistischen Punkt und definieren Sie daraus eine machbare und messbare Zielformulierung:

____

____

Beachten Sie: Was tun, wenn die Zielerreichung gefährdet ist?

____

____

Lösung

Greifen wir das Beispiel der Weiterbildung auf. Es kann nur von Vorteil sein, wenn Sie selbst die Initiative ergreifen. Zunächst prüfen Sie, welche Qualifikation Sie bis heute erreicht haben. Danach, wohin Sie wollen. Das Ziel festlegen. Nehmen wir an, Sie haben eine Ausbildung als Handelsfachwirt und sagen: „Ich mache als nächstes den Betriebswirt." Ist das ein Ziel oder eine Zieldefinition? Nein, es ist einzig und allein eine gut gemeinte Absicht. Es fehlt das Was, Wo, Wann, Wie. Sie müssen überlegen, welchen Abschluss Sie brauchen, bei welcher Schule, zu welchem Preis, in welcher Zeit, möglicherweise auch mit welcher Unterstützung.

Eine machbare, messbare und realistische Zielsetzung würde demnach in diesem Fall lauten: „Ich werde am 1. September mit der 18-monatigen Zusatzqualifikation Betriebswirt (IHK) beginnen, und diese zum Preis von 3900 € mit Unterstützung meines Arbeitgebers im Frühjahr übernächsten Jahres erfolgreich abgeschlossen haben."

Und falls Abweichungen auftreten? Falls beispielsweise der Bildungsträger, bei dem ich mich angemeldet habe, den Kurs mangels Teilnehmer nicht zustande bringt und absagt? Dann bestehen Alternativen wie ein anderer Bildungsträger in meiner Umgebung oder aber auch ein Fernstudium. Ich lege mir Alternativen zurecht, die vielleicht nicht unbedingt meinem Geschmack entsprechen – aber zur Zielerreichung auf jeden Fall geeignet sind.

Praxistipps

- Ziele sind lebensnotwendig. Denn wenn Sie nicht wissen, in welchen Hafen Sie wollen, ist jeder Wind für Sie der richtige.
- Ziele haben durchaus auch etwas mit Führung zu tun. Fragen Sie sich, wer die Führung übernimmt, wenn Sie keine Ziele haben: Es können durchaus andere Menschen sein, die Sie führen.
- Ziehen Sie sich ein- oder zweimal im Jahr zurück und überdenken Sie Ihre Zielplanungen. Das kann ein Tag oder Wochenende in einem Kloster oder Hotel sein. Überarbeiten Sie dort Ihre momentanen Ziele und wenden Sie sich auch den angedachten Zielen zu.
- Nehmen Sie auch Ihren Partner mit an Bord Ihres Ziele-Schiffs. Zu zweit fährt es sich besser.
- Wenn Ihre Vorgesetzten die Zielthematik nicht unterstützen – lassen Sie sich nicht entmutigen.

Das Leben vom Ende her betrachten

Die Lebenszyklusanalyse

Übung 3
60 min

Noch mit 30 wusste Sören nicht, was das Leben soll. Er lebte von heute auf morgen, über die Zukunft machte er sich wenig Gedanken. Wie sollte es auch anders sein: In seinem Elternhaus und auch in der Schule hatte niemand das Thema Lebensplanung angeschnitten. Zum 32. Geburtstag trat unverhofft das Thema Zeitmanagement in sein Leben. Ein Seminargutschein verhalf ihm dazu. Es revolutionierte sein Denken. Sören wurde sich darüber bewusst, dass das Leben hier auf Erden nicht ewig ist, sondern endlich. In seinem Seminar wurde eine Lebenszyklusanalyse durchgeführt und so stellte sich Sören die Frage, die sein Denken umkrempelte: „War das alles?"

Sören lebte den normalen Denkmodus. Er stellte sich einigen Fragen wie: 1. Was tue ich heute? 2. Was kann ich morgen tun? 3. Nächste Woche könnte ich vielleicht ... 4. Nächstes Jahr? Soweit denke ich nicht voraus. 5. Was am Ende herauskommen soll? Das wird sich zeigen. Darauf habe ich sowieso keinen Einfluss.

Vielleicht ist Ihr Denken ähnlich wie das von Sören. Sören jedenfalls bekam mit, dass er den Spieß einmal umdrehen sollte. Indem er einmal nicht nach vorne sah, sondern nach hinten. Und zwar nach ganz weit hinten, vom gedachten Lebensende her.

Lassen Sie sich hier nun dazu einladen, dieselben Fragen zu beantworten, welche Sören zum Nach- und Umdenken bewegten.

1 Wenn ich mein Leben jetzt betrachte: Welchen IST-Zustand habe ich erreicht?
2 Wie soll denn das Ziel am Ende aussehen? Wenn ich jetzt ein Zielfoto schießen würde, wie könnte ich es beschreiben?
3 Wie soll mein Lebensabend aussehen? Was möchte ich dann machen, besitzen, ...?
4 Wenn ich letztlich dahin kommen möchte, was muss bis dahin geschehen? Welche Wege muss ich wann und wie einschlagen?
5 Um Wege zu diesen Zielen zu ebnen, was muss in den nächsten fünf bis sieben Jahren geschehen?
6 Wie soll dann das kommende Jahr aussehen?
7 Was muss ich in den kommenden Wochen und Monaten tun, um mein Jahresziel zu erreichen und damit meinem späteren Ziel näher zu kommen?
8 Wie kann ich dies in den kommenden Tagen in meinem Alltag umsetzen?
9 Wer kann mir auf diesen Wegen eine Hilfe sein?

Lösung

Um an Lösungen für diese Fragen zu kommen, benötigen Sie Muße, Ruhe und Zeit. Diese Fragen beantworten Sie nicht schnell zwischen Tür und Angel. Vielleicht nehmen Sie sich ein Wochenende lang eine Auszeit und behandeln diese Fragen an einem angenehmen ruhigen und stillen Ort.

Die Lösungen zu diesen Fragen bringen Sie selbst. Diese Fragen – und bestimmt kommen von Ihrer Seite nach und nach weitere Fragen dazu – werden Sie auch nicht nur einmal beschäftigen, sondern sie werden Ihr Handwerkszeug für weitere Planungen sein.

Sie müssen ehrlich zu sich selbst sein. Sie müssen Veränderung wollen. Sie müssen diesen Blickwinkel des Vom-Ende-her-Denken zulassen. Und Sie müssen Abschied nehmen von den üblichen Denkweisen und von Gewohnheiten oder Lebensumständen der Vergangenheit, um eine veränderte Zukunft zu ermöglichen.

Seit einigen Jahren denken wir selbst immer wieder darüber nach. Und haben im Laufe der Jahre festgestellt, dass das Nachdenken über solche Lebensfragen wie Weichenstellungen funktioniert. Unsere Lebenssituation nahm dadurch eine ganz andere Richtung ein, als wir es vorher vermutet hätten.

Praxistipps

- Bewährt hat sich für das Beantworten solcher Fragen ein Wochenende an einem abgelegenen Ort. Dieser bietet Ihnen Stille und Ungestörtheit, damit Sie zum Nachdenken kommen und genügend Zeit für sich haben.
- Vielleicht kennen Sie Leidensgenossen, die im selben Boot schwimmen wie Sie? Schließen Sie sich zu einem Ziele-Club zusammen und treffen Sie sich in lockerer Folge. Sprechen Sie über Ihre Fragen, Vorsätze, Probleme, ...
- Lassen Sie Ihren Partner nicht im Ungewissen. Teilen Sie sich ihm mit, er hat ein Recht darauf. Geben Sie Rückmeldungen von Erfolgen und Erkenntnissen. Seien Sie offen für Hilfestellungen Ihres Partners.
- Besuchen Sie ein- bis zweimal pro Jahr ein Seminar zum Thema „Ziel- und Zeitmanagement" oder „Lebensmanagement". Treten Sie mit den Teilnehmern in einen Dialog, bauen Sie kleine Netzwerke auf.
- Wenn Sie in gewissen Fragen nicht weiterkommen, legen Sie die Unterlagen eine Zeit lang zur Seite. Aber geben Sie nicht auf. Die investierte Zeit wäre zu schade, alles aufzugeben.

Die 80/20-Regel nach Pareto anwenden

Treffen Sie Entscheidungen!

Übung 4
15 min

Vilfredo Pareto lebte im 19. Jahrhundert und beschäftigte sich als Professor mit Fragen zu Reichtum und Einkommen. Er stieß auf eine Tatsache, die ihm höchst bedeutsam erschien. Er entdeckte ein wiederkehrendes mathematisches Verhältnis zwischen der Anzahl von Personen und der Höhe ihres Einkommens. Er erkannte, dass in vielen Märkten überall auf der Welt ein Großteil der Aktivitäten auf ein Bruchteil der Akteure entfällt. Dies wurde als die 80/20-Regel bzw. das Pareto-Prinzip bekannt.

Beispiele:

- 80 % des Geschehens bewirken 20 % der Beteiligten.
- 80 % aller Grundstücke sind im Besitz von 20 % aller Menschen.
- 20 % unserer Kleider tragen wir in 80 % unserer Zeit.
- 20 % der Teppichfläche haben 80 % des Verschleißes.
- 20 % aller Fahrer verursachen 80 % aller Unfälle.

Auf die Zeitplanung übertragen heißt dies, dass in 20 % der aufgewendeten Zeit 80 % der Ergebnisse erreicht werden.

Listen Sie zehn Tätigkeiten auf, die Sie im Verlauf der kommenden Woche noch erledigen wollen. Erfahrungsgemäß wird die Zeit nicht reichen, dies alles zu erledigen. Das ist auch nicht schlimm, denn das Pareto-Prinzip besagt ja, dass mit der Erledigung der zwei wichtigsten Aufgaben 80 % des möglichen Erfolges hergestellt sind.

Welche zehn Aufgaben möchten Sie erledigen?

1 ____________________

2 ____________________

3 ____________________

4 ____________________

5 ____________________

6 ____________________

7 ____________________

8 ____________________

9 ____________________

10 ____________________

Was sind die zwei wichtigsten dieser zehn Aufgaben? Sind diese erst einmal erledigt, sind 80 % des möglichen Erfolges sichergestellt!

1 ____________________

2 ____________________

Lösung

In vorstehender Übung haben Sie zehn Tätigkeiten aufgelistet (der Wichtigkeit nach geordnet). Aufgabe war ja, die zwei wichtigsten Tätigkeiten zu identifizieren, weil sie 80 % des Ergebnisses ausmachen. Zum Beispiel könnte dies ein Vertragstext sein, von dem Ihre Zukunft abhängt oder auch Ihre Planung für das folgende Jahr. Natürlich geht es auch ohne Planung, aber mit einer guten Planung werden Sie wesentlich mehr erreichen als ohne klare Zielsetzung.

Zum Beispiel könnten Sie eine Umstellung zu mehr Bewegung und einer gesünderen Ernährung anstreben. Sie beugen damit möglicherweise einem Herzinfarkt vor und verlängern Ihr Leben.

Wenn Sie zwei von zehn Aufgaben in den Rang einer Priorität erheben (d.h. im Zeitplanbuch markieren, dass dies die Aufgaben sind, die Sie vor allen anderen tun), dann steht dem Erfolg nichts mehr im Wege. Priorität beinhaltet das lateinische Wort „Prio". Dieses heißt „vor". Wer Prioritäten hat, entscheidet sich – am besten – täglich neu für das, was er vor allem anderen tun will oder muss.

Praxistipps

- Beginnen Sie sofort morgens mit Ihrer Priorität. Schließlich haben Sie entschieden, dass dies die entscheidende Aufgabe ist. Packen Sie den Stier bei den Hörnern.
- Ideal ist eine Prioritätenfestlegung bereits am Abend vorher. So nutzen Sie des nachts die Kraft Ihres Unterbewusstseins.
- Eine weitere Anwendung des Pareto-Prinzips ist die Erkenntnis, dass Sie eine 80 %-Lösung relativ schnell hinbekommen, eine 100 %-Lösung jedoch fünfmal so lange dauert. Es macht also mehr Sinn, fünf Aufgaben zu je 80 % zu lösen, als eine Aufgabe zu 100 %.
- Als Faustformel kann gelten: Dinge, die wichtig sind (sie helfen mir, meine Ziele zu erreichen) gehören zu den 20 % der wesentlichen Pareto-Aufgaben. Dinge, die dringend sind (erfordern meine unmittelbare Aufmerksamkeit) gehören eher zu den 80 % der unwichtigen Pareto-Aufgaben. Leider ist es so, dass wir häufig den dringenden Angelegenheiten die Vorfahrt geben nach dem Motto: Dringendes erschlägt Wichtiges.

Eigene Prioritäten richtig setzen

Wichtig oder dringend?

Übung 5
10 min

Sie haben Ihre Ziele formuliert und machen sich auf den Weg, diese zu erreichen. Und es gibt viel zu tun. Bevor Sie mit dem bekannten Slogan „Packen Sie's an" beginnen, müssen Sie abwägen, welche der geplanten Aktivitäten zuerst kommt. Und welche danach. Sie müssen nach der Wichtigkeit – und nach der Dringlichkeit unterscheiden und einteilen. Es geht um Prioritäten.

Denn „selten ist Wichtiges dringend und selten Dringendes wichtig".

In Ihrer Wohnung gibt es einen Wasserrohrbruch. Nichts ist momentan dringender als den Schaden einzugrenzen.

Mindestens einmal im halben Jahr sollten Sie Ihren Zahnarzt aufsuchen. Durch die Wichtigkeit der Prophylaxe können Sie spätere Schäden eingrenzen bzw. sogar verhindern.

Haben Sie den Unterschied bemerkt? Ich weiß, im Leben ist es oft andersherum. Die dringenden Vorgänge werden zu den wichtigen und umgekehrt. Damit Ihnen das zukünftig nicht mehr passiert, haben Sie die Möglichkeit, in der folgenden Übung das Setzen von Prioritäten anzuwenden.

Für welches Ziel wollen Sie Prioritäten festlegen?

Welche einzelnen Aktivitäten sind zum Erreichen notwendig?

Welche Aktivitäten dieser Liste sind wichtig?

Welche sind eher unwichtig?

So könnte die Zielerreichung nach Wichtigkeit = nach Prioritäten aussehen:

Lösung

Sie sind Softwarehersteller. Und Ihre Software füllt eine Marktlücke aus. Immer mehr Kunden sind begeistert von Ihrer Lösung und fordern jetzt Schulungen. Sie müssen binnen kürzester Zeit eine eigene Schulungsabteilung aufbauen. Die Zielformulierung lautet: „In den nächsten drei Monaten werde ich eine eigene Schulungsabteilung mit fünf Schulungsleitern aufbauen, die wiederum ihr eigenes Schulungsteam rekrutieren."

Welche einzelnen Aktivitäten sind zur Erreichung notwendig? Geeignete Mitarbeiter finden, Schulungsunterlagen erstellen, Mitarbeiter rhetorisch und fachlich schulen, Seminarprospekt drucken, Termine mit Trainern absprechen, Vorgehensweise bei Schulungen in Unternehmen absprechen, welche Unternehmen sind zuerst zu besuchen, welche Kunden zu informieren usw.

Welche Aktivitäten dieser Liste sind wichtig? Zunächst das Finden geeigneter Mitarbeiter. Sie wissen, dass der Bedarf von Kundenseite vorhanden ist. Diesen gilt es mit geeigneten Mitarbeitern zu decken. Während die neuen Mitarbeiter rhetorisch geschult werden, muss das Erstellen der Schulungsunterlagen schon im Endstadium sein. Diese werden schnellstmöglich benötigt, um die neuen Mitarbeiter fit zu machen.

Eher unwichtige Aktivitäten? Fragen wie: welche Unternehmen zuerst besuchen und welche Kunden informieren? – Das alles hat erst einmal Zeit. Wichtig ist, dass Ihre neue Abteilung voll einsatzbereit ist.

Praxistipps

- Überlegen Sie sich mehr als bisher, was momentan tatsächlich getan werden muss. Entscheiden Sie, ob es dringend oder wichtig ist!
- Sie sind nur ein Mensch, keine Maschine: Trauen Sie sich nicht zu viel auf einmal zu. Vermeiden Sie Überbelastung. Weniger ist oft mehr.
- Prüfen Sie Ihre Ziele mindestens einmal in 14 Tagen und fragen Sie sich, ob der eingeschlagene Weg noch der richtige ist.
- Fragen Sie sich auf dem Weg zum Ziel, ob Ihre Gewichtung der Prioritäten noch korrekt ist.
- Auch Kontrollpersonen können eine Hilfe sein. Sie sind die Beobachtungsposten auf Ihrem Weg zum Ziel.

Erfolgreich nein sagen

Hätten Sie lieber abgelehnt?

Übung 6
5 min

Das Telefon klingelt. Kollege Schmidt ruft an und teilt mit, er sei mit dem Projekt Neubau zeitlich im Hintertreffen. Ob ich ihn unterstützen könne? Ich überlege, prüfe meine Projekte, stelle fest, dass ich selbst Hilfe benötige und sage dennoch zu. Denn später einmal wird Schmidt mir ebenfalls helfen. Na ja, und diese Teilaufgabe an dem für alle wichtigen Projekt schaffe ich auch noch.

Die Erfahrung zeigt, dass unsere guten Vorsätze und klar geplanten Prioritäten in der Praxis daran scheitern, dass wir nicht nein sagen können. Gegenüber Chefs, Kollegen und Mitarbeitern. Und nicht zu vergessen sei auch der private Bereich.

Gehen Sie in Eigenarbeit oder in einer Kleingruppe an folgende Fragen heran:

1 Listen Sie mindestens drei Situationen auf, in denen es Ihnen immer wieder schwer fällt, nein zu sagen.

____

____

____

2 Wählen Sie eine der drei Situationen aus und stellen Sie sich vor, was passieren würde, wenn Sie das nächste Mal nein sagten. Fantasieren Sie einfach!

____

____

____

3 Listen Sie beispielhaft Situationen aus Ihrem Alltag auf, in denen Sie das nächste Mal nein sagen wollen.

____

____

____

Lösung

Nicht nein sagen zu können, liegen oft daran, dass man hilfsbereit sein möchte, eine Bitte nicht abschlagen will und im Hinterkopf schon wieder dieses Denken hat, ein anderes Mal hilft mir diese Person auch wieder (eine Hand wäscht die andere). Persönliche Gründe und Ängste werden oft daran erkannt, dass man in der Firma oder Abteilung nicht als der zielverbohrte Egozentriker bekannt sein will, der erst einmal unter allen Umständen seine eigenen Ziele erfüllt, um beim Vorgesetzten gut dazustehen.

Wenn Maßnahmen und Dinge Ihnen als wichtig und wertvoll erscheinen, dann sagen Sie ja dazu. Aber bedenken Sie, dass hier Ihre persönlichen Ziele und Wünsche trotz allem ein Maßstab sein müssen. Oft ist der Hilferuf anderer auch ein Abwälzen unangenehmer und aufgeschobener Tätigkeiten. Sie sind nicht in erster Linie ein Lückenbüßer. Daher: Ein freundliches aber bestimmtes Nein ergibt sich zwangsläufig daraus, wenn wir bewusst unsere Ziele klar vor Augen haben.

Letztlich macht auch beim Nein der Ton die Musik. Sie werden sich wundern, wie viele Menschen Verständnis haben, wenn diese vier Buchstaben klar kommuniziert werden.

Praxistipps

- Machen Sie sich nicht zum Lückenbüßer anderer. Oft schmücken sich andere nach Erledigung der Aufgabe mit Ihren Lorbeeren.
- Nutzen Sie das Nein zunächst einmal in Ihrem privaten Umfeld. Hier zerbrechen Sie gegebenenfalls nicht so wertvolles Porzellan wie an Ihrem Arbeitsplatz.
- Lassen Sie auch in dieser Beziehung Ihr Leben einmal Revue passieren. Wo haben Sie zugesagt und welche Auswirkungen hatte das anschließend? Wie sind Sie dabei weggekommen? Hat man Ihnen gedankt?
- Wer kommt auf Sie zu? Handelt es sich immer wieder um dieselben Personen mit ähnlichen Begründungen?
- Denken Sie bei allem, wo Sie zusagen, auch an Ihre physische Leistungskurve. Sie sind schließlich ein Mensch und kein Roboter.
- Bei den Zusagen bedenken Sie, dass Sie auch ein Recht auf Privatleben haben. Zu gern führt das Nicht-Nein-Sagen-Können dazu, Arbeit mit nach Hause zu nehmen.
- Erbitten Sie sich bei einer Anfrage eine Bedenkzeit aus. Sagen Sie nicht gleich ja oder nein. Bieten Sie einen Rückruf innerhalb einer bestimmten Frist an. Und Ihre ablehnende Entscheidung stößt auf mehr Verständnis oder sogar Sympathie, wenn Sie argumentieren, warum Sie so entschieden haben.

Blockaden beseitigen – Balance finden

In diesem Kapitel lernen Sie,

- Zeitfresser zu identifizieren und zu beseitigen,
- wie Sie Störungen reduzieren,
- wie Sie in Zukunft nicht mehr so viel aufschieben,
- wie Sie Stressfaktoren erkennen und mit Druck besser umgehen,
- die optimale Balance zwischen Arbeit, Familie und den eigenen Hobbys finden.

Darum geht es in der Praxis

Ziel ist es, dass Sie für die Praxis lernen, Ihre gesamte Zeit sinnvoll und effektiv zu nutzen. Es gilt, Leerlauf zu vermeiden und Störfaktoren auszuschalten. Durch eine bessere Zielorientierung und das Setzen von Prioritäten arbeiten Sie konsequenter und schneller. So bleibt Zeit für das Wesentliche. Sie schaffen sich neue Freiräume und haben so auch wieder Zeit für sich selbst und Ihre Familie oder andere Dinge, die Ihnen wichtig sind.

Es geht außerdem darum, Ihrem Leben eine konkrete Richtung zu verleihen und einen tieferen Sinn zu erkennen. Dabei wird Ihnen schnell klar werden: Der Beruf ist nicht alles, auch anderes ist sehr wichtig im Leben. Wir möchten Ihnen deshalb hier helfen, Ihre verschiedenen Lebensbereiche „unter einen Hut" zu bekommen.

Wie Sie Reibungsverluste verringern

Finden Sie Ihre Zeitfresser

Übung 7
10 min

Die wahren Zeitfresser verstecken sich oft in den kleinen Dingen des Alltags. Gehen Sie die Übung durch und kreuzen Sie Ja oder Nein an.

Zeitfresser	J	N
Ziele zu definieren, fällt mir schwer.		
Prioritäten setzen, ist eine kaum lösbare Aufgabe.		
Tages-, Wochen- oder Monatspläne zu führen, gelingt mir nicht.		
Am liebsten würde ich alles auf einmal tun.		
Das Telefon stört mich dauernd und die Gespräche dauern oft zu lang.		
Nein sagen fällt mir schwer.		
Aufgaben kann ich selten zu Ende bringen.		
Auf meinem Schreibtisch ist viel Papierkram. Lesen und Korrespondenz braucht sehr viel Zeit.		
Eine Ablage zu führen, fällt mir schwer.		
Das Delegieren von Aufgaben klappt nur selten so, wie ich es mir wünsche.		
Besprechungen nehmen sehr viel Zeit in Anspruch und sind häufig langwierig.		
Ein Schwätzchen mit/über Kollegen hält mich immer wieder auf.		

Zeitfresser	J	N
Mein Wunsch ist es, immer alle zu beteiligen.		
Oft verliere ich Zeit mit Techniken/EDV, die ich nicht verstehe.		
Ich lese jede E-Mail, sofort wenn sie kommt.		
Summe: Addieren Sie, wie oft Sie „Ja" angekreuzt haben.		

Auswertung:

- **5 x Ja und weniger:** Herzlichen Glückwunsch: Sie haben Ihre Zeit und die Uhr perfekt im Griff. Setzen Sie sich nun mit dem Thema „Lebensplanung" auseinander und kommen Sie von der Uhr zum Lebenskompass.
- **6–13 x Ja:** Sie können noch besser werden! Suchen Sie nach den Ursachen und Gründen Ihrer Zeitfresser. Lesen Sie sich die für Sie relevanten Lösungen und Praxistipps ausführlich durch. Schreiben Sie in der Tabelle auf der rechten Seite Maßnahmen auf, mit deren Umsetzung Sie am besten noch heute beginnen.
- **mehr als 13 x Ja:** Beschäftigen Sie sich intensiv mit Ihren Zeitfressern und suchen Sie nach den Ursachen. Notieren Sie sich alle Ihre Zeitfresser, schreiben Sie zu jedem eine Maßnahme auf. Beginnen Sie heute mit den ersten fünf Maßnahmen, morgen mit den nächsten fünf usw. Machen Sie sich eine Notiz in Ihr Zeitplanbuch und überprüfen Sie in 14 Tagen, was Sie noch nicht umgesetzt haben. Benötigen Sie externe Hilfe bei der Umsetzung?

Setzen Sie Prioritäten!

Übung 8
10 min

Welche der in Übung 7 mit Ja angekreuzten Punkte sind für Sie am wichtigsten? Nehmen Sie die fünf wichtigsten heraus und erarbeiten Sie mit der nachfolgenden Tabelle Maßnahmen zur Umsetzung.

	Zeitfresser	Ursachen	Lösungsansatz	Wann erledigt?
Bsp.	E-Mails	Eingang neuer E-Mails	Nur zweimal täglich E-Mails lesen	sofort
1				
2				
3				
4				
5				

Lösung

- Lesen Sie das erste Kapitel „Wie Sie eigene Ziele und Prioritäten setzen" noch einmal und beginnen Sie noch heute mit der Umsetzung.
- Entscheiden Sie täglich neu, welche A-Prioritäten (dringend und wichtig) und B-Prioritäten (wichtig) Sie haben. Planen Sie Ihre Prioritäten mit Zeitvorgabe in Ihren Tagesplan ein. Konzentrieren Sie sich auf die B-Prioritäten.
- Nur wer effektiv plant, kann erfolgreich nein sagen. Folge: Keine Überschüttung mit Aufgaben. Welche Pläne entsprechen Ihrem Arbeitsalltag am Besten? Führen Sie einfach einen Übersichtsplan (z.B. Monatsplan mit allgemeinen Terminen) und einen Detailplan (z.B. Tagesplan mit Stundenleiste).
- Arbeiten Sie die Prioritäten, die Sie sich gesetzt haben, Stück für Stück ab. Setzen Sie Zeiten fest, in denen Sie nicht gestört werden wollen.
- Wenn Sie der Anrufer sind: Planen Sie das Telefonat! Was ist der Grund und das Ziel des Anrufs? Führen Sie Small Talk kurz, aber äußert höflich. Nehmen Sie die Gesprächsführung in die Hand. Weisen Sie Ihren Gesprächspartner freundlich auf das Thema des Gesprächs hin und unterbrechen Sie ihn wenn nötig mit einem freundlichen „danke, das habe ich verstanden, gehen wir weiter".

- Wenn Sie genau wissen, was Sie wollen, dann ist es ganz leicht, nein zu sagen. Ein klares Nein erfordert eine Tagesplanung, Ziele und Prioritäten. Üben Sie freundlich und mit kurzer Erklärung nein zu sagen. Sagen Sie nein zur Sache, aber nicht zur Person, denn dann ist es nicht verletzend. Loben Sie sich für jedes Nein.
- Erledigen Sie die Dinge der Reihe nach gemäß Ihrer Prioritätensetzung. Schreiben Sie alles, was noch zu tun ist, auf eine To-do-Liste und widmen Sie sich zuerst der aktuellen Aufgabe. Vereinfachen Sie die Prozesse und delegieren Sie nach Möglichkeit mehr.
- Bestellen Sie die Tageszeitung ab. Abonnieren Sie nur die wichtigsten Fachzeitschriften und Newsletter. Lernen Sie, quer zu lesen und das Wichtige zu erkennen. Der Papierkorb ist Ihr Freund, entsorgen Sie allen unwichtigen Papierkram sofort! Stellen Sie ein Körbchen zum Lesen in Ihr Regal. Legen Sie dort alle wichtigen Leseunterlagen sofort ab. Falls das Körbchen voll ist, werfen Sie die untersten fünf Zentimeter an Papier weg. Bemühen Sie sich, ein Blatt Papier nur einmal in die Hand zu nehmen oder die Sache wenigstens jedes Mal einen guten Schritt weiter zu bringen.
- Legen Sie sich eine funktionierende Ablage an und führen Sie diese. Planen Sie regelmäßig Ablagezeiten ein (z.B. die letzen 15 Minuten des Tages, freitags zwei Stunden vor Feierabend usw.).

- Delegieren Sie Arbeit **und** Verantwortung! Schenken Sie Ihren Mitarbeitern mehr Vertrauen. Fragen Sie regelmäßig Ergebnisse ab.
- Nehmen Sie die Gesprächsführung an sich! Weisen Sie Gesprächsteilnehmer freundlich aber bestimmt darauf hin, wenn diese zu weit vom Thema abdriften. Behalten Sie das Besprechungsziel im Auge.
- Weisen Sie die Kollegen auf das Ziel hin und entschuldigen Sie sich freundlich, dass Sie nicht am Small Talk teilnehmen. Stellen Sie Ihre Möbel so, dass Sie nicht von vorbeilaufenden Menschen abgelenkt werden können.
- Überlegen Sie, was **Sie** wollen. Führen Sie und entscheiden Sie! Alle beteiligen zu wollen, heißt niemals zu riskieren, anderen gegenüber einen Fehler zu machen. Leider können wir es nicht immer allen recht machen.

Praxistipps

- Nutzen Sie Wartezeiten immer für wichtige Dinge. Optimieren Sie dann z.B. Ihren Tagesplan und Ihre Prioritätenliste oder lesen Sie ein Fachbuch.
- Behalten Sie Ihre langfristigen Ziele immer im Blick. Hängen Sie sie an einem Ort auf, wo sie täglich sichtbar sind.
- Versuchen Sie nicht, die Zeit anderer Menschen zu stehlen. Dann wird man auch Ihnen nicht die Zeit stehlen.
- Nehmen Sie sich jeden Tag Zeit für eine genaue Tagesplanung.

Störungen reduzieren

Situationsanalyse

Übung 9
10 min

Gehen Sie gedanklich den gestrigen Tag durch und notieren Sie, wer oder was Sie alles gestört hat.

Wer oder was stört Sie?	Wann erfolgt die Störung?	Was ist die Ursache?
z.B. E-Mails	Bei eingehenden Mails	Klingelton
Haustür		
Telefon		
Chef		
Kollegen/ Mitarbeiter		

Lösung

Führen Sie diese Liste eine Woche lang und gehen Sie den Ursachen auf den Grund. Das hilft Ihnen, alte Gewohnheiten zu identifizieren. Werten Sie anschließend aus. Stellen Sie die einfachsten Störungen zuerst ab. Gehen Sie dann geplant gegen die Störungen vor, die Ihnen am meisten Zeit rauben.

Ein Beispiel: Laura K. erscheint um 8.00 Uhr im Büro. Kaum angekommen erfährt sie, dass ihr Kollege krank ist, und sie die Vertretung machen soll. Sie wird aber in ein dringendes Meeting einberufen. Kaum ist sie wieder am Arbeitsplatz, klingelt das Telefon, der Kunde wartet auf eine Auftragsbestätigung, dann kommt ihre Kollegin Anna, dann klingelt das Telefon und dann geht die Tür auf, dann klingelt ...

Praxistipps

- Erst wenn Sie die Ursache genau erkannt haben, können Sie Ihr Problem lösen. Analysieren Sie deshalb genau die Ursachen Ihrer Störungen bzw. Unterbrechungen.
- Setzen Sie genaue Zeitlimits für Besprechungen und vereinbaren Sie Rücksprachetermine. Regelmäßige Verabredungen helfen, Störungen erheblich zu reduzieren.
- Disziplinieren Sie Ihr Telefonverhalten. Telefonate, die Sie nicht optimal vorbereiten, sind meist äußerst unproduktiv. Tragen Sie sich Termine für Ihre strategischen Aufgaben in Ihren Tagesplan ein.
- Wenn ein Kunde Sie in Ihrer Arbeit unterbricht, können Sie das selbstverständlich nicht ignorieren. Klären Sie aber immer, ob Sie der richtige Ansprechpartner sind.

Vermeidbares erkennen

Übung 10
10 min

Überlegen Sie genau, welche Störungen sich vermeiden lassen. Denn alles, was Sie nicht geplant haben, kann Sie davon abhalten, Ihre Zielsetzung zu erreichen.

Art der Störung	Vermeidbar Ja/Nein	Maßnahmen zur Vermeidung
z.B. Klingelton bei E-Mails	Ja	Klingelton abstellen

Lösung

- Störungen gehören zu Ihrer Tätigkeit. Deshalb ist es wichtig, dass Sie Ihre Einstellung dazu ändern. Durch diese Erkenntnis können Sie Unterbrechungen eher akzeptieren und sind weniger frustriert.
- Akzeptieren Sie das Unvorhersehbare und arbeiten Sie daran, das Kontrollierbare in den Griff zu bekommen.
- Planen Sie genügend Pufferzeit für unerwartete, unkontrollierbare Ereignisse ein. Wenn Sie nicht genug Flexibilität einplanen, werden Sie schnell überfordert.

- Bilden Sie Arbeitsblöcke. Das heißt beispielsweise: Führen Sie Telefonate oder Rücksprachen als Routinetätigkeiten in einem gemeinsamen Arbeitsblock. Dadurch arbeiten Sie effizienter.

Praxistipps

- Benutzen Sie einen Türanhänger „Bitte nicht stören" oder ein großes Schild für Ihren Schreibtisch.
- Stellen Sie Ihr Telefon um (Kollege, Mailbox).
- Optimieren Sie Ihre Pufferzeiten, damit bei Unterbrechungen nicht gleich Ihr ganzer Tagesplan durcheinander kommt.
- Stehen Sie auf, wenn jemand in Ihr Büro kommt oder Sie einen Telefonanruf entgegen nehmen. Sie sind dann konzentrierter und können besser zielorientierte Gespräche führen.
- Kehren Sie nach einer Störung oder Unterbrechung gleich zu Ihrer begonnenen Aufgabe zurück.
- Schalten Sie bei Ihrem PC für ankommende E-Mails den Ton aus.
- Sagen Sie nein. Bieten Sie gleich eine Alternative an, damit Sie dem Unterbrecher nicht das Gefühl geben, dass Sie kein Interesse an der Problemlösung haben.

Endlich Schluss mit dem Aufschieben

Testen Sie Ihr Verhalten!

Übung 11
10 min

Etwas Aufschieben bringt mehr Probleme, verschwendet mehr Zeit und verhindert mehr die Erfüllung von Wünschen, als alles andere. Für viele Menschen ist das Aufschieben von Aufgaben zu einer eingefahrenen Gewohnheit geworden, die die Lebensqualität erheblich beeinträchtigt.

Bitte kreuzen Sie an, ob die folgenden Aussagen auf Sie zutreffen (Ja) oder nicht (Nein):

Situation	Ja	Nein
Ich erfinde Entschuldigungen, um unangenehme Dinge aufzuschieben.		
Ich versuche, erst alle kleinen Arbeiten zu erledigen, bevor ich die wichtigen Arbeiten beginne.		
Ich brauche Druck, um Aufgaben zu erledigen. Ich nehme Arbeiten mit nach Hause.		
Ich lasse mich gerne ablenken, wenn ich vor einem größeren Problem stehe.		
Ich weiß morgens noch nicht, was mich erwartet.		
Ich sehe die Arbeit als gewaltigen Berg vor mir.		

Wenn Sie in der Spalte „Ja" mehr als vier Kreuze gemacht haben, sind Sie von einer Krankheit namens „Aufschieberitis" befallen. Listen Sie im zweiten Schritt nun die Gründe dafür auf, warum Sie etwas aufschieben:

1 ______________________________

2 ______________________________

3 ______________________________

Lösung

Situationen wie diese sind wohl den meisten von uns bekannt:

- Sie lesen Ihre E-Mails, obwohl Sie eigentlich ein wichtiges Angebot ausarbeiten sollten, für das Sie nicht mehr viel Zeit haben.
- Sie besuchen einen netten C-Kunden, obwohl Sie die Produktpräsentation für einen schwierigen A-Kunden vorbereiten sollten, der viel bestellen könnte.
- Sie gehen einem Kollegen aus dem Weg, anstatt mit ihm etwas Unangenehmes zu klären.

Für solche Fälle gibt es natürlich keine allgemeingültigen Lösungen. Jeder muss für sich analysieren, durch welche Symptome sich die Aufschieberitis bei ihm äußert.

- Wir verschieben unangenehme Dinge und befassen uns lieber mit unwichtigen Kleinigkeiten.
- Wir verschieben schwierige Dinge.
- Wir verschieben Dinge, die harte Entscheidungen von uns verlangen.

Machen Sie sich jedoch bewusst: Es sind gerade die unangenehmen, schwierigen Situationen und die harten Entscheidungen, die das meiste zu unserem Erfolg beitragen. Kommen Sie den Gründen für Ihr Verhalten auf die Schliche, damit Sie erfolgreich dagegen angehen können.

Folgende sieben Gründe sind sehr häufig:

1. Negative Gefühle
2. Langeweile
3. Frust
4. Versagensangst
5. Überanstrengung
6. Existenzangst
7. Veränderte Ziele

Praxistipps

Folgende Sätze können Ihnen helfen, gegen innere Blockaden vorzugehen, die Sie dazu verleiten, etwas aufzuschieben.

- Ich fange an – der erste Schritt ist der Schwerste.
- Ich ändere meine innere Einstellung – das befreit mich.
- Ich arbeite in kleinen Zeiteinheiten und bin dadurch deutlich effektiver.
- Ich lobe mich, wenn ich eine Aktivität erledigt habe - das stärkt mein Selbstbewusstsein.
- Ich wende die Salami-Taktik an und arbeite mich Scheibe für Scheibe meinem großen Ziel entgegen.
- Ich lasse mich beraten, wenn ich einen Rat von außen brauche.
- Ich lege einen Arbeitsbeginn fest und halte mir genügend Zeit frei.
- Ich erstelle eine Liste mit meinen Aufgaben und erhalte somit einen Überblick.
- Ich setze Prioritäten – Wichtiges vor Dringendem.
- Ich delegiere – das schafft Freiraum.
- Ich schalte Störfaktoren aus, solange die Aufgabe noch nicht erledigt ist.
- Ich sage nein und biete Alternativen an.
- Ich definiere meine Ziele neu und optimiere meine Maßnahmen.
- Ich kontrolliere meine Ziele genau und manage die Abweichungen.

Mit Druck und Stress besser umgehen

Konflikte erkennen

Übung 12
15 min

Konflikte spielen eine zentrale Rolle in unserem täglichen Leben. Ein Konflikt ist ein bewusster oder unbewusster seelischen Kampf, der auftritt, wenn Impulse, Wünsche oder Meinungen sich gegenseitig blockieren oder einander ausschließen. Die Folge ist Stress.

Geplantes Handeln gelingt uns nicht mehr. Wir werden entscheidungsschwach und bekommen ein Selbstwertproblem. Nun ist es wichtig, herauszufinden, wodurch wir innerlich mehr und mehr unter Druck geraten. Deshalb die Herausforderung an Sie: Notieren Sie, wer oder was Ihnen in Ihrem beruflichen und privaten Umfeld Druck macht und denken Sie über mögliche Lösungen nach. In der Tabelle auf der folgenden Seite haben Sie Gelegenheit dazu.

Ursache	Problemanalyse	Wie nehme ich das Problem in Angriff?
Arbeit, Beruf	Zu viele Aufgaben? Keine Prioritäten? Unklare Strukturen?	
Vorgesetzter	Offene Kritik? Kontrollen? Fehlende Zielerreichung? Externer Druck, beispielsweise wegen der Marktsituation?	
Ehe, Familie, Freunde	Übt der Partner Druck aus? Ist dies berechtigt? Überhöhte Erwartungen anderer?	
Körper, Gesundheit	Bewusste gesunde Ernährung? Sport zum Ausgleich?	
Seelischer Ausgleich	Persönliche Auszeiten möglich (Stille, Meditation, Sport)?	
Finanzen	Finanzielle Zufriedenheit? Mangel an fachkundiger Beratung?	

Lösung

Die Frage „Wer oder was macht mir Druck?" ist sehr persönlich. Deshalb müssen wir hier auch in den privaten Bereich hineinleuchten. Zum Beispiel unsere finanzielle und familiäre Situation einbeziehen, unseren Gesundheitszustand, unsere Beziehungen, unser Verhältnis zu Arbeitskollegen und Führungsverantwortung sowie unsere Altlasten.

Sie haben eine stressige Woche hinter sich, die Finanzierung des privaten Hausplans sollte konkret mit einem Beratungstermin der Bank angegangen werden. Ihr Partner fragt jeden Tag, wann nun endlich der Termin stattfindet. Für eine Stelle im Einkauf stapeln sich 89 Bewerbungsunterlagen auf Ihrem Schreibtisch. Die letzten drei Tage waren mit Weiterbildung belegt. Anrufe auf dem Anrufbeantworter und E-Mails sind noch immer unbeantwortet. Nun sind Sie auf dem Weg ins Wochenende, wo Partner oder Familie auf Sie warten. Die Kinder sind aufgeblieben, um Ihnen noch wenigstens Hallo zu sagen und fragen schon aufgeregt, was sie denn am Samstag alles mit Papa anstellen dürfen. Aufgaben im Haus und das Unerledigte im Büro drücken auf das Gemüt. Das Wochenende scheint wieder zu scheitern.

Vier Schritte des effektiven Stressmanagements:

1 **Die Situationsanalyse:** Was ist beeinflussbar, was nicht? Listen Sie ganz persönlich auf, was Sie stresst und reden Sie darüber mit Ihrem Partner.

2 **Die Prioritätensetzung:** Was ist wirklich wichtig? Lassen Sie die Bewerbungsunterlagen in A, B und C gliedern, Termin mit Bankberater an den Partner delegieren, zu einem vereinbarten Zeitpunkt.

3 **Das Zeitmanagement:** Jeden Tag neu planen, aber die Woche im Blick haben.

Prio A: Bewerbungen sichten (delegieren),

Prio B: Vorstellungsgespräche vorbereiten, E-Mails in ungestörter Zeit effektiv bearbeiten.

4 **Der Ausgleich:** Wege finden, um verbrauchte Energien wieder aufzuladen. Also am Wochenende Zeit haben für sich, Partner und Kinder, Sport treiben.

Praxistipps

Fangen Sie jetzt an, Ihre Einstellung zu Ihrer Situation zu ändern. Dabei sollen Ihnen diese drei Schritte helfen:

- Tun Sie jeden Tag etwas, was Ihnen viel Freude bereitet. (Kontakt zu einem Freund/Freundin, sich belohnen für eine wichtige abgeschlossene Aufgabe usw.).
- Tun Sie jeden Tag etwas, das Sie spürbar Ihren persönlichen Zielen näher bringt. Beispielsweise das Ziel „Gelassenheit": Reflektieren Sie jeden Abend, was Ihnen gelungen ist.
- Tun Sie jeden Tag etwas, das Ihnen einen Ausgleich zur Arbeit verschafft (widmen Sie sich Ihrer Familie, einem persönlichen Hobby oder suchen Sie den Ausgleich beim Sport).

Balance durch Lebenshüte

Bewerten Sie Ihre Zufriedenheit

Übung 13
5 min

Vielen Menschen gelingt es zwar, ihr berufliches Leben erfolgreich zu planen, ihr privates jedoch nicht. Spätestens wenn Sie die Arbeit verlieren oder der Erfolg ausbleibt, wird offensichtlich, dass die Balance die ganze Zeit über gefehlt hat: die Gesundheit ist ruiniert, private Kontakte und Beziehungen wurden zuvor für die Arbeit geopfert.

Stimmt Ihre Balance? Benoten Sie folgende Aspekte Ihres Lebens nach Noten (1 = sehr zufrieden, 6 = sehr unzufrieden):

	1	2	3	4	5	6
Zufriedenheit						
Körper						
Beruf						
Familie/soziales Umfeld						
Sinn						

Lösung

Die optimale Balance ist erst erreicht, wenn Sie alle vier Bereiche mit den Noten 1 oder 2 bewertet haben. Alle Bereiche sind gleich wichtig. Wenn es zu große Differenzen bei den Werten gibt, ist Ihr Leben nicht in Balance.

Masterplan mit Lebenshüten

Übung 14
15 min

Welches sind Ihre Defizite? Um diese wirkungsvoll und individuell anzugehen, brauchen Sie ein persönliches Konzept. Das Konzept des Masterplans (www.tempus.de) hilft, in der Hektik des Alltags genug Zeit und Kraft für alle Lebensbereiche zu haben und sich auf die Schlüsselaufgaben konzentrieren zu können. Darin definieren Sie Ihre persönlichen Lebenshüte. Ein Lebenshut ist nichts anderes als ein Bereich Ihres Lebens, für den Sie verantwortlich sind.

1 Bestimmen Sie Ihre Lebenshüte.
2 Bestimmen Sie dann ein Ziel für jeden Ihrer Lebenshüte, das sich mit Ihrem Lebensziel im Einklang befindet.
3 Formulieren Sie in jedem Bereich Jahresziele, die Sie schrittweise Ihrem Lebensziel näher bringen.

Lebenshut	Lebensziel/Zielfoto	Jahresziel

Lösung

Gehen Sie Ihre vier Lebensbereiche mit diesen Leitfragen durch, und fangen Sie dort mit wirkungsvollen Zielen an, wo Sie den größten Schmerz spüren.

Körper	Machen Sie einen Gesundheitscheck bei Ihrem Arzt und machen Sie sich bewusst, was bzw. wie viel Sie essen bzw. trinken.
Beruf	Haben Sie Ihre beruflichen Ziele klar im Blick?
Familie, soziales Umfeld	Verbringen Sie genug Zeit mit Ihrem Ehepartner, Ihren Kindern, Ihren Freunden? Beispielsweise mit Spielen, Musizieren, Wandern, ...
Sinn	Welche Rolle spielen Sinn und Glaube?

Die Fülle an Arbeit, Terminen, Entscheidungen und viele ehrenamtliche Verpflichtungen wachsen Ihnen über den Kopf. Privat sind Sie nur noch am Wochenende präsent. Die Arbeit dominiert Ihre Zeit und körperlich fühlen Sie sich müde und können nur noch agieren.

Wie kommen wir aus dem Hamsterrad?

Lebenshüte	**Lebensziel**	**Jahresziele**
Abteilungsleiter	Bereichsleiter	Aufbau einer wirkungsvollen Assistenz
Qualitätsmanager/ Beauftragter (QMB)	Optimierung der Qualität	Mehr Assessoren im Qualitätswesen
Ehepartner	Mehr Lebensqualität durch Gespräche und durch Aktivitäten	Rituale gestalten. Wöchentlich eine Gesprächszeit vereinbaren ohne Unterbrechungen. Monatliche Aktivitäten einhalten
Vater	Gemeinsame Zeit verbringen. Anlagen der Kinder fördern	Kreativ den Kontakt zu den Kindern wieder aufbauen durch gemeinsame Zeit
Hobbykoch	Ausgleich und Entspannung	In diesem Jahr das Weihnachtsessen kochen

Praxistipps

Formulieren Sie Ihre persönliche Lebensvision. Sinn und Richtung Ihres Lebens werden so konkreter festgelegt.

Beachten Sie: Weniger ist mehr! Die wirklichen Zeitprobleme im Leben entstehen, wenn Sie zu viele Lebenshüte (Lebensrollen) gleichzeitig ausfüllen wollen.

- Überarbeiten Sie mindestens einmal jährlich Ihren Masterplan (z.B. irgendwann rund um Ihren Geburtstag) und arbeiten Sie Ihre neuen Erkenntnisse ein.
- Planen Sie jede Woche Zeit ein, um sich intensiv den einzelnen Lebenshüten zu widmen.
- Planen Sie Zeit für Ihre Lebensprioritäten ein. Haben Sie den Mut, zu hohe oder falsche Lebensziele zu verändern. Nur die konsequente Konzentration auf das Wesentliche bei den beruflichen und privaten Lebenszielen garantiert Erfüllung, Ausgewogenheit und Lebenserfolg.
- Gehen Sie mit Ihrer Lebenszeit bewusst und souverän um.
- Durch Ihre definierten Lebenshüte bekommen Sie einen bewussten, eigenverantwortlichen und gleichwertigen Umgang mit der Zeit. Deshalb gilt es, sich auch private Erfolge zu definieren. Formulieren Sie aus Wünschen konkrete Ziele und beginnen Sie, darauf zuzuarbeiten.

Zeit für mich und meine Familie

Zählen Sie die Minuten

Übung 15
10 min

Hand aufs Herz: Wie viel Zeit investieren Sie wirklich für sich oder für Ihre Familie? Für viele wird Familie nur noch in einem knappen Zeitfenster am Wochenende gelebt.
Woher wollen Sie Ihre Kreativität, neue Ideen und Inspiration erhalten, wenn nicht durch privaten Rückzug in die Familie? Das setzt jedoch voraus, dass Sie die Familie nicht als lästige Pflichterfüllung betrachten, sondern als motivierenden Ort der Entspannung und Entfaltung.

Überlegen Sie:

Frage	Zeit
Wie viele Minuten qualitativer Zeit reden Sie täglich mit Ihrer Frau/Ihrem Mann?	
Wie viele Minuten qualitativer Zeit reden Sie täglich mit Ihren Kindern?	
Wie viele Minuten verbringen Sie täglich nur mit sich selbst?	
Wie viel Zeit verbringen Sie in der Woche mit der Familie?	
Wie viel Zeit verbringen Sie in der Woche mit einem Ausgleich für sich, etwa mit Sport oder Musik?	

Was wünschen Sie sich bzw. welche Maßnahmen möchten Sie ergreifen, um mehr qualitativ wertvolle Zeit für sich und die Familie zu haben?

Wünsche und Maßnahmen

1 Für mich selber:

2 Für meinen Mann/Frau/Partner/in:

3 Für meine Kinder:

4 Für meine Freunde:

Lösung

Zeit für	Maßnahmen
mich	Einen Tag pro Quartal in ein Wellnesshotel, eine Berghütte oder ein Kloster, um über meine Lebens- und Jahresziele nachzudenken.
meinen Mann/ meine Frau	Täglich 15 Minuten nur für uns, einmal in der Woche eine gemeinsame Unternehmung zu zweit.
meine Kinder	Pro Kind eine Unternehmung im Monat, feste Zeiten mit Kindern in den Wochenablauf einplanen, feste Spielzeiten mit Kindern.
Freunde	Gemeinsames Ritual begehen, z.B. ins neue Jahr feiern, regelmäßiges Treffen mit Freunden, Frauen- und Männerwochenenden.

Ändern Sie Ihre Gewohnheiten und fangen Sie jetzt an:

1 Wollen Sie überhaupt mehr Zeit mit sich bzw. Ihrer Familie verbringen? Falls kein Wollen da ist, wird es schwierig. Der Konflikt ist oft nicht ohne einen persönlichen Coach lösbar, weil man sich an verschiedene Verhaltensweisen gewöhnt hat, der 12-Stunden-Tag ist zur Regel geworden und alles hat sich darunter zu beugen.

2 Haben Sie private Ziele für sich und Ihre Familie gesetzt, oder nur berufliche? Falls nein, denken Sie an realistische Ziele und Aktivitäten, die Sie innerhalb einer Woche alleine, zu zweit oder mit den Kindern unternehmen. Tragen Sie sich den Termin in Ihr Zeitplanbuch ein.

3 Machen Sie sich Gedanken darüber, ob Sie die Arbeit ausnutzen als Flucht vor schwierigen Situationen oder Beziehungen in der Familie. Sprechen Sie an, woher Sie Druck verspüren. Sagen Sie selbst, was Sie zur Lösung beitragen möchten.

Fazit:
So werden Sie proaktiv in Ihrem privaten Engagement. Positive Erlebnisse und mehr Kommunikation werden zur Zufriedenheit aller beitragen.

Beispiele der praktischen Umsetzung:

- Ich habe es mir angewöhnt, jeden Freitag um 14.30 Uhr das Büro zu verlassen, um Zeit mit meinen Kindern zu verbringen. Diese Zeit ist kostbar und unwiederbringlich.
- Das Ende meines Arbeitstags habe ich für 18.00 Uhr geplant, weil ich weiß, dass ich nie fertig bin. Das hilft mir, Prioritäten zu setzen.
- Gemeinsame Mahlzeiten in der Familie abends sind für uns wichtig. Wir lassen das Telefon klingeln. Dringendes bleibt als Nachricht auf dem Anrufbeantworter.

- Jeden Montagabend ist Männergruppe. Wir treffen uns zu dritt von 20.00 bis 22.30 Uhr. Jeder hat Führungsverantwortung, jedes Treffen hat Priorität, weil wir durch gegenseitigen Rat und schonungslose Offenheit einander helfen, den blinden Fleck zu minimieren und somit aneinander zu wachsen und zu reifen.

Praxistipps

- Formulieren und überprüfen Sie regelmäßig Ihre privaten Ziele und formulieren Sie daraus umsetzbare Maßnahmen.
- Gehen Sie an einem Tag in der Woche früher nach Hause und verbringen Sie qualitative Zeit mit Ihren Kindern bzw. mit Ihrem Partner oder auch mit sich selbst.
- Diskutieren Sie in Ihrer Familie Meinungsverschiedenheiten und Familienziele aus (z.B. regelmäßige Familienkonferenzen) und halten Sie sich an die Beschlüsse.
- Seien Sie dankbarer gegenüber Ihrem Partner und nehmen Sie nicht alles als gegeben hin. Machen Sie sich gegenseitig öfters kreativ Geschenke. Lernen Sie seine/ihre Sprache der Liebe kennen.
- Zeigen Sie gegenseitige Verantwortung für die Umsetzung Ihrer gemeinsam gefassten Beschlüsse und klären Sie Abweichungen rechtzeitig ab.

Erfolgreiches Handeln durch optimale Planung

In diesem Kapitel lernen Sie,

- Zeitbedarf und Zeitbudget zu ermitteln,
- Leistungskurven zu berücksichtigen,
- wie Checklisten entlasten,
- sich durch Wochenplanungen Überblick zu verschaffen,
- Zeit durch Tagesplanung zu gewinnen.

Darum geht es in der Praxis

Der Volksmund sagt: Wer schreibt, der bleibt! Was Sie also schwarz auf weiß haben, kann Ihnen nicht mehr genommen werden. Machen Sie sich die Vorteile bewusst: Endlich ist Schluss damit, alles im Kopf haben zu müssen. Endlich habe ich meinen Kopf frei für Aktuelles und Geplantes – und ich vergesse nichts mehr. Die Planung ermöglicht Rückblick und Kontrolle und schafft dadurch eine Optimierung der eigenen Arbeitsweise.

Trotzdem gibt es Zeitgenossen, die meinen, sie müssen nicht planen. Dazu folgende Begebenheit: Ein Bahnreisender steht auf dem Bahnsteig. Es regnet, es ist kalt. Und der Zug kommt und kommt nicht. Da wendet er sich an den Bahnsteigmanager und fragt: „Warum haben wir überhaupt einen Fahrplan, wenn der Zug doch Verspätung hat?" Der Angesprochene kratzt sich kurz am Kopf und erwidert dann: „Mein Herr. Hätten wir keinen Fahrplan, woher wüssten Sie, dass er Verspätung hat?"

Überlegen Sie, in wie vielen Bereichen des Lebens geplant wird. Ist Ihr Leben nicht wertvoll genug, auch geplant zu werden?

Zeitbedarf und Zeitbudget ermitteln

Der Tagesablauf

Übung 16
10 min

Montag morgen, 6 Uhr. Der Wecker klingelt. Stefan F. schlägt befriedigt die Augen auf und springt im gleichen Atemzug aus dem Bett. Der Tag kann kommen. Schon unter der kalten Dusche geht er im Geiste seinen Tagesplan durch:

8 Uhr:	Erstes Meeting Projekt Neubau, 120 Minuten.
10 Uhr:	Meeting mit der Geschäftsleitung, 90 Minuten.
12 Uhr:	Kleiner Lunch mit Claus W. von der Consulting-Group, 60 Minuten.
13 Uhr:	Tagespost.
14.30 Uhr:	Zum Flughafen, 45 Minuten.
15.30 Uhr:	Flug nach Amsterdam.
17 Uhr:	Meeting und Lunch mit Dr. P., neuer Kunde.
21.30 Uhr:	Ankunft im Hotel.
22.30 Uhr:	Letzter Drink an der Minibar.
Mitternacht:	Ein langer Tag geht zu Ende.

Was meinen Sie? Wie wird Stefan sich am Abend fühlen?

Was ist nicht richtig gelaufen an diesem Tag?

Wie sollte Ihrer Meinung nach dieser Tag verlaufen?

Lösung

Vielleicht fühlt sich Stefan ganz gut am Abend. Weil viele Tage so laufen, und sie ihm so Befriedigung verschaffen, da er Erfolg hat. Aber diese Arbeits- und Lebensweise kostet viel Energie, und der Körper wird eines Tages mit Sicherheit seinen Tribut fordern.

Was ist nicht richtig gelaufen an diesem Tag? Bei einer ruhigen Betrachtungsweise steht fest: Das Thema Pufferzeit beispielsweise wird in keinem Fall beachtet. Kein Fehler darf unterlaufen, kein Stau, keine Verspätung. Alle Ansprechpartner und benötigten Personen müssen zum gewünschten Zeitpunkt anwesend sein.

Wie sollte Ihrer Meinung nach dieser Tag verlaufen? Das erste Meeting Projekt Neubau von 120 Minuten Dauer ist o.k., aber die Pufferzeit zum Meeting um 10 Uhr mit der Geschäftsleitung fehlt. Zur Tagespost wird er nicht kommen, denn wieder fehlt die Pufferzeit, denn um 12 Uhr ist ein Lunch angesetzt. Wahnsinn ist der Termin in Amsterdam. Dies darf nicht an einem Nachmittag geschehen, sondern so ein Termin benötigt einen Arbeitstag. Läge dieser Termin an einem anderen Tag, wäre Zeit, um die drei Meetings vom Vormittag nachzuarbeiten.

Praxistipps

- Gehen Sie den folgenden Tag bereits am Vorabend im Geist durch, nutzen Sie dabei Ihr Zeitplansystem.
- Wie bei der Zielplanung: Wenden Sie eine realistische, eine machbare Zeitplanung an.
- Bauen Sie in Ihren Tagesplan Pufferzeiten zwischen einzelnen Terminen ein. Diese Zeiten benötigen Sie für Nacharbeiten bzw. Vorbereitung für den kommenden Termin.
- Haben Sie den Mut, Termine zu streichen. Bei einem Konflikt buchen Sie Ihre Termine um.
- Manchmal hat es genutzt, sich bei der Zusage eines Termins eine Stunde Bedenkzeit auszubitten. Das schafft Klarheit bei der Planung. Ihr Gegenüber wird es Ihnen danken.
- Lernen Sie beim Zeitbedarf aus der Vergangenheit: Welche Art von Terminen benötigen wie viel Zeit?
- Beachten Sie Ihr Zeitbudget auch innerhalb Ihrer Tagesleistungskurve. Sie sind nicht unendlich belastbar und brauchen Ihre Auszeiten.

Leistungskurven berücksichtigen

Zeichnen Sie Ihre Tageskurve

Übung 17

4 min

Der Kinobesuch war lohnenswert. Anschließend noch zwei Cocktails in der Bar, das gehörte einfach dazu. Obwohl es ein Uhr morgens war, ging er noch einmal ins Büro. Da waren noch die letzten Seiten für das neue Buchprojekt zu überarbeiten. Gegen drei Uhr lag er dann im Bett. „Schön, dass heute Sonntag ist", waren seine letzten Gedanken vor dem Einschlafen. Sie dagegen wollte schon nach dem Kinobesuch nach Hause. Normalerweise geht sie gegen 22.30 Uhr zu Bett. Um ihren Mann und die Freunde nicht zu enttäuschen, ging sie noch mit in die Bar. „Gott sei Dank, dass heute Sonntag ist", waren ihre Gedanken vor dem Einschlafen. Um neun Uhr saß die Familie beim Frühstück. Er voller Tatendrang, sie dagegen etwas gerädert. „Schatz, hast du schlecht geschlafen?" „Nein, im Gegenteil. Nur zu kurz."

Die folgende Grafik zeigt Ihnen eine Normalkurve der Tagesleistung.

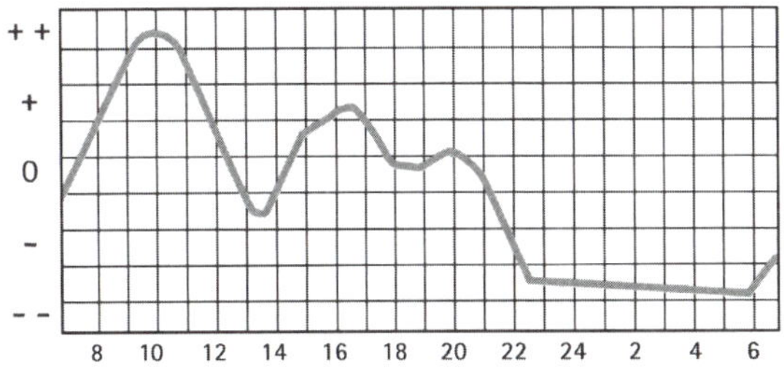

Sie stehen gegen 7 Uhr auf, erreichen von 9 Uhr bis ca. 11 Uhr das Tageshoch. Die Kurve fällt zur Mittagszeit ab und steigt am Nachmittag noch einmal kurz an. Ab 20 Uhr fällt sie stetig und zeigt, dass gegen 22.30 Uhr das Tagestief erreicht ist.

In der folgenden leeren Grafik zeichnen Sie Ihre Tageskurve ein. Wie verläuft Ihr Tag. Beobachten Sie, wann Sie fit und leistungsstark sind und wann Sie regelmäßig „tote Punkte" haben. Zeichnen Sie dies jetzt grafisch in Form einer Kurve ein.

Nachdem Sie Ihre Tageskurve gezeichnet haben, ermitteln Sie Nischen, die Ihnen die Nutzung Ihrer starken Tagesform für wichtige Aufgaben ermöglichen. Finden Sie ferner heraus, wann Ihre optimale Stunde ist, in der Sie Höchstleistungen erbringen.

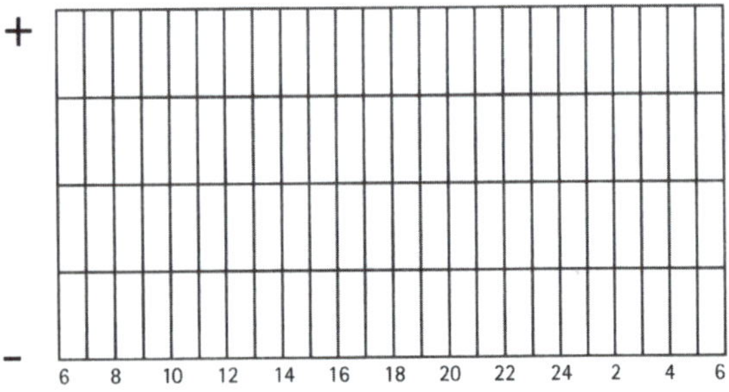

Lösung

Hier sehen Sie die Leistungskurven von einem Morgen- und einem Abendmenschen:

Tagesleistungskurve "Morgenmensch"

Tagesleistungskurve "Abendmensch"

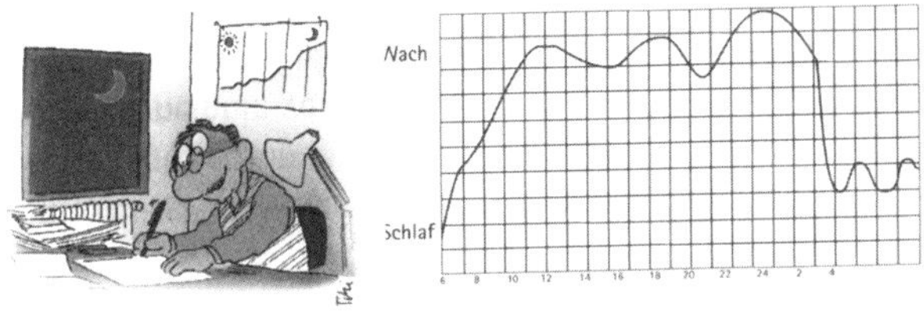

Der Morgenmensch ist ein Typ, der um 4.30 Uhr beispielsweise aufwacht und fragt: „Wo stehen die Klaviere?"

Der Abendmensch dreht sich um diese Uhrzeit höchstens einmal um und schwelgt weiter in seinen Träumen. Wenn der Morgenmensch sich um 22 Uhr gähnend Richtung Bett verabschiedet, dreht der Abendmensch noch einmal auf und macht die Nacht zum Tage.

Praxistipps

- Durch das Herausfinden Ihrer Tagesleistungskurve können Sie sich und anstehende Aufgaben effektiver planen.
- Als Typen sind Morgenmenschen und Abendmenschen veränderbar. Ob es jedoch Sinn macht, hier künstlich Veränderungen herbeizuführen, ist fraglich.
- Leben Sie nicht gegen, sondern mit Ihrem Rhythmus.
- Wenn Sie in einer führenden Position sind, finden Sie heraus, was für „Typen" Ihre Mitarbeiter sind.
- Sollten Sie mit Ihrem Partner in Spannungen aufgrund dieser Typologie leben, versuchen Sie herauszufinden, wer zu welcher Kategorie gehört, das kann helfen.
- Nach dem Mittagessen ist man oft müde. Starker Kaffeegenuss macht oft nicht wacher, sondern noch müder.
- Ein Nickerchen nach dem Mittagessen (optimal ca. 15 Minuten) verändert die Leistungskurve positiv. Wer es sich leisten kann, sollte ein ähnliches Nickerchen nach dem Abendessen einschieben.

Wie Checklisten entlasten

Noch vor einigen Wochen waren Seminartage wie dieser reinster Stress. Entweder fehlten Seminarunterlagen, Flipchart-Stifte, oder die Teilnehmerliste war nicht aufzufinden. Alles, was fehlte, musste aufwendig und teuer kurzfristig besorgt werden. Keiner wusste nach einem Seminartag, wie der nächste wird.

Dann aber kam jemand auf die Idee, alle relevanten Dinge aufzuschreiben und vor einem Seminar anhand dieser Checkliste abzuarbeiten. Das Ergebnis? Die Seminare wurden qualitativ um vieles besser, denn die Trainer konnten sich auf das Wesentliche konzentrieren. Keine Gedanken wurden verschwendet an „Hab ich an alles gedacht?", sondern alle Kraft wurde für das Seminar und die Teilnehmer aufgewendet.

Checklisten sind kleine Wunderlisten: Denn durch ein systematisches Auflisten von Maßnahmen müssen bestimmte Aufgaben nicht immer wieder neu durchdacht werden. Sie behalten den Überblick und können sich mit dem Eigentlichen befassen. Das minimiert Ihre Stressfaktoren, Sie sind Herr der Lage und können gelassen reagieren. Checklisten eignen sich für private wie berufliche Zwecke, z.B. Urlaubsvorbereitungen, Kundenbesuche vorbereiten, Ablauf von Besprechungen, Mitarbeitereinstellungen, Manuskripte usw.

Die eigene Checkliste

Übung 18
10 min

Überlegen Sie nun, in welchen Bereichen Sie selbst mit Checklisten arbeiten bzw. zukünftig arbeiten können:

____

____

____

____

____

____

____

Wählen Sie nun einen Bereich aus der erstellten Liste aus und entwerfen Sie Ihr eigenes Checklisten-Modell.

____

____

____

____

____

____

____

Lösung

Für einen Vortrag beispielsweise könnte Ihre Checkliste so aussehen:

1. Technik

☐ Notebook	☐ Beamer	☐ Leinwand
☐ Moderatorenkoffer	☐ Lautsprecher	☐ Flipchart
☐ Fernseher/Video	☐ Fotoapparat	☐ Technikkoffer
☐ Projektionstisch	☐ Musikbox	☐

2. Teilnehmerunterlagen

☐ Teilnehmermappen	☐ Stifte	☐ Zertifikate
☐ Süßigkeiten	☐ Prospekte	☐

3. Verkaufsmaterialien

☐ Bücherkoffer	☐ Display	☐ CD-Koffer
☐ Aktueller Katalog	☐ Ordner	☐ Kasse

4. Privat

☐ Koffer	☐ Laufsachen	☐ Medikamente
☐ Telefon	☐ Getränke	☐

Praxistipps

- Arbeiten Sie möglichst oft mit Checklisten. Das gilt insbesondere für oft wiederkehrende oder sehr umfangreiche und komplizierte Aufgaben.
- Eine Checkliste wird erstellt, indem man Aktivitäten in eine sinnvolle Reihenfolge bringt. Das Ganze sollte möglichst konkret und möglichst einfach gehalten werden.
- Mit Checklisten bewegen Sie sich ständig auf dem Pfad der Verbesserung. Beim Durcharbeiten einer Checkliste entdecken Sie weitere Möglichkeiten der Anreicherung oder Optimierung.
- Besprechen Sie in Ihrem Kollegenkreis erstellte Checklisten und prüfen Sie diese auf Optimierung.
- Versuchen Sie in Ihrer Abteilung mit einheitlichen Checklisten zu arbeiten.
- Checklisten können Sie auf das Format Ihres Zeitplanbuches bringen und dort einheften.
- Fragen Sie sich, wer außer Ihnen noch einen Nutzen Ihrer Checklisten haben könnte.
- Versuchen Sie für bestimmte Situationen in Ihrer Familie ebenfalls mit Checklisten zu arbeiten. Das hilft nicht nur bei der längeren Urlaubsvorbereitung, sondern auch bei jedem Einkauf.

Effektivität durch Wochenplanung

Planen Sie Ihre nächste Woche

Übung 19
12 min

Auch wenn Sie in Ihrem Outlook oder Palm einen Termin nur einmal eintragen müssen, um ihn sowohl in der Monats-, Wochen- als auch Tagesansicht zu sehen, und auch wenn Sie im Zeitplanbuch langfristige Termine statt in die kurzen Monats-/Wochenübersichten immer sofort in weit im Voraus eingeheftete Tagespläne schreiben: Eine separate Wochenplanung lohnt sich. Die Woche ist bereits nah und überschaubar genug, um viele konkrete Termine zu setzen. Gleichzeitig ist sie anders als der Tag lang genug, um Pannen oder Planungsabweichungen von mehreren Stunden aufzufangen und allen Lebensbereichen Zeit zu widmen.

Planen Sie daher Ihre nächste Woche, bevor Sie später auf dem Wochenplan aufbauend bei der Tagesplanung weitere Details hinzufügen.

Planen Sie für die kommenden sieben Tage zusätzlich zu den bereits länger vorhandenen Terminen (z.B. Besprechungen, Messebesuch, Schultheater-Aufführung Ihrer Tochter) weitere ein, indem Sie für die wichtigsten Aufgaben Ihrer To do-Liste „Termine mit sich selbst" setzen. Lassen Sie dabei an jedem Tag ein paar Stunden frei, um später Raum für die Tagesplanung zu haben.

Lösungstipps

- Welche der bisher geplanten Aktivitäten bringen Sie Ihren Zielen näher? Wie viele tragen nichts dazu bei?
- Sind alle Lebensbereiche vertreten? Widmen Sie jedem Lebenshut (siehe S. 54) zumindest einmal Zeit?
- Bleibt genug Zeit für die Tagesplanung? Verplanen Sie nur etwa 50% Ihrer Zeit im Rahmen der Wochenplanung, sie ist das „Grobgerüst" für die genauere Tagesplanung.

Jede Woche kleine Schritte

Übung 20

5 min

Die Wochenplanung ist der entscheidende Faktor, um Ihre langfristigen Zielen besser zu erreichen, großen Vorhaben in kleinen Schritten näher zu kommen, jedem Lebensbereich regelmäßig Zeit zu widmen und so in Balance zu bleiben. Nutzen Sie daher die Wochenplanung, um entsprechend Zeit zu reservieren, bevor Sie sonst im Rahmen der Tagesplanung lauter dringendere, aber nicht ganz so wichtige Dinge vorziehen oder bestimmte Bereiche aufgrund anderer vernachlässigen, die allerdings mehr Aufmerksamkeit verlangen.

Wiederholen Sie aufbauend auf den Ergebnissen der Fragen aus den Lösungstipps die Übung 19. Beginnen Sie diesmal damit, für jeden Lebenshut zuerst mindestens einen Termin zu planen. Wenn die Tage noch nicht zu voll sind, suchen Sie für Ihre wichtigsten Ziele jeweils einen Schritt, der Sie diese Woche dem Ziel näher bringen kann.

Lösung

Planen Sie aufbauend auf Ihrem Masterplan (siehe Übung 14) für jeden Lebenshut pro Woche mindestens ein bis zwei Stunden für eine B-Aufgabe ein. Wenn ein Tag der Woche bereits zu voll ist, planen Sie keine, und an einem anderen Tag dafür zwei.

> Sieben bis 14 Stunden Zeit pro Woche für die Menschen und Aufgaben, die Ihnen besonders wichtig sind – so viel Zeit können Sie sich immer nehmen, wenn Sie nur wollen. Es zahlt sich langfristig aus.

Vielleicht können Sie diese Woche für den Lebenshut nichts zu den im Masterplan eingetragenen Zielen beitragen. Etwa weil Sie noch auf andere warten müssen, bevor der nächste Schritt möglich ist. Oder weil der nächste Schritt noch länger Zeit braucht und diese Woche nichts mehr geht, da Sie gleich acht Stunden am Stück benötigen, die erst übernächste Woche frei sind. Finden Sie in diesem Fall ein weiteres Ziel bzw. weitere Aufgaben. Beispiel: Sie möchten im Lebenshut „Vater" nicht nur „Laura bei ihrer Bewerbung unterstützen", sondern auch „ein besserer Vater werden" (Sie haben gemerkt, dass Sie kaum Zeit mit ihr verbringen und gar nicht mehr wissen, was Ihre Tochter beschäftigt und was in ihrem Leben und Alltag so passiert).

Solche längerfristigen, auf den ersten Blick schwer greifbaren Vorhaben (z.B. auch „Französisch lernen, um in drei Jahren Projekte in Paris zu betreuen" und „die ganze Bibel durchlesen und überlegen, was ich daraus für mich lerne") formulieren Sie zuerst als Ziel und gehen dann regelmäßig kleine

Schritte (jede Woche ein Stück), um es zu erreichen. Etwa jeden Samstag beim gemeinsamen Mittagessen mit Laura einen Termin für ein Tennismatch ausmachen. Auf der Hin- und Rückfahrt haben Sie dann auch Zeit, sich gemeinsam über ihre Woche auszutauschen.

Oder jeden Sonntag vier Seiten bis zur nächsten Zwischenüberschrift lesen und nachdenken. Oder Sprachkurse heraussuchen. Ein Jahr jede Woche dreimal eine halbe Stunde eine der Lektionen und Vokabeln lernen, danach einmal pro Woche ein Gespräch auf Französisch mit Kollegen, die der Sprache mächtig sind. Später wöchentlich ein DVD-Abend mit auf Französisch gestelltem Ton usw.

Praxistipps

- Sehen Sie Ihre To-do-Liste durch: Welche neuen Aufgaben kommen diese Woche hinzu, welche unerledigten der Vorwoche können Sie realistischerweise erledigen, welche streichen? Streichen Sie so viele wie möglich. Priorisieren Sie die Aufgaben im Vergleich zueinander.
- Planen Sie auch Ihr Privatleben. Verteidigen Sie den Termin mit Ihrem Sohn oder Ihrer Ehefrau wie eine wichtige Besprechung – weisen Sie andere Terminanfragen für diese Zeit ab.
- Sollten Sie noch viel unverplante Zeiten haben, planen Sie für weitere wichtige Aufgaben Termine mit sich selbst.
- Achten Sie auf Pufferzeiten, Zeit für Sport und Erholung.

Zeit gewinnen durch Tagesplanung

Entscheiden Sie

Übung 21

5 min

Das Eisenhower-Prinzip nach Dwight D. Eisenhower (1890-1969) hilft Ihnen, Ihre Arbeiten systematisch nach Priorität anzugehen. Prioritäten werden nach den Kriterien Wichtigkeit und Dringlichkeit gesetzt. Teilen Sie die nachfolgenden Aufgaben in Prioritäten ein. Sie müssen sich täglich neu entscheiden, was Sie vor allem anderen erledigen müssen, um Ihre Ziele zu erreichen.

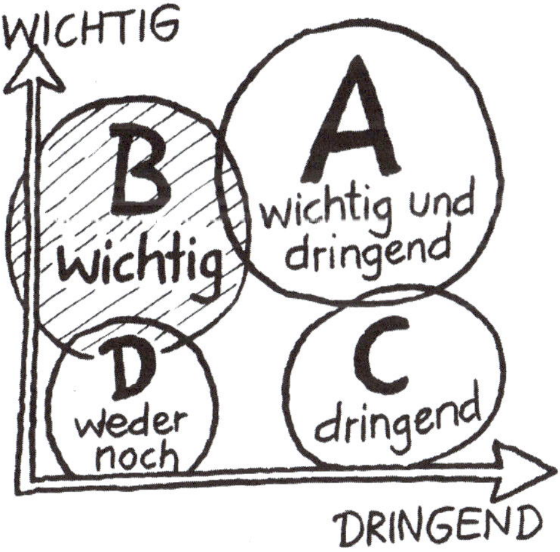

Lösung

Hier sehen Sie, wie Sie nach dem Eisenhower-Prinzip Tätigkeiten gewichten können.

To do	Prio
Wettbewerbsanalyse durchführen	D
Kundenbesuch übermorgen vorbereiten	A
Fachzeitschriften sortieren	D
Reklamation des A-Kunden beantworten	A
E-Mails beantworten	C
Investitionsentscheidungen	B
Quartalsgespräche vorbereiten	B

Prioritätenfolge nach Eisenhower:

A-Priorität: Dinge, die noch heute erledigt werden müssen, weil sie dringend und wichtig sind.

B-Priorität: Dinge, die wichtig sind, aber nicht unbedingt heute erledigt werden müssen. B-Aufgaben verursachen Ihren Erfolg und bringen Sie Ihren Zielen näher.

C-Priorität: Dinge, die dringend sind, aber nicht wichtig. Diese sollten Sie wenn möglich delegieren oder nein sagen, weil sonst Ihre B-Prioritäten untergehen.

D-Priorität: Dinge, die weder dringend noch wichtig sind. Sie können sie getrost dem Papierkorb anvertrauen. Das erleichtert.

Planen Sie den Tag als kleinste überschaubare Einheit!

Übung 22 10 min

Tragen Sie Aufgaben gemäß Ihren Prioritäten in Ihren Tagesplan ein. Zusätzlich sollten Sie noch Zeit für Anrufe und Pufferzeiten einplanen.

Monat/Jahr: ______________________ **Mo Di Mi Do Fr Sa So** (Wochentag einkreisen) **Datum:** __________________________	
Priorität:	
8	Selbst erledigen:
9	
10	
11	Veranlassen:
12	
13	
14	
15	Telefonieren:
16	
17	Schreiben:
18	

Lösungstipp

Für die realistische Tagesplanung hilft Ihnen die sogenannte Alpenmethode, ein Begriff, der sich aus den Anfangsbuchstaben des Worts zusammensetzt (siehe unten). Wer seinen Tagesablauf im Griff hat, wird auch längere Perioden wie Monats- oder Jahrespläne meistern und dadurch immer mehr profitieren.

A	Aufgaben, Aktivitäten und Termine aufschreiben.
L	Lohnende Aktivitäten (Zeitbedarf), Limit setzen.
P	Pufferzeiten für unvorhergesehene Ereignisse reservieren (ca. 50 %).
E	Entscheidungen über Prioritäten, Kürzungen, Delegationsmöglichkeiten treffen. Erledigen: Wann erledige ich die großen Aufgaben?
N	Nachkontrolle und Unerledigtes übertragen.

Lösung

So kann eine Tagesplanung zum Erfolg führen:

Monat/Jahr: ______________________	
Mo Di Mi Do Fr Sa So (Wochentag einkreisen)	
Datum: _______	
Priorität:	
8 Planung (Stille Stunde)	Selbst erledigen:
9 Kundenbesuch vorbereiten	A Kundenbesuche vorbereiten
10 Pufferzeit, Post	A Reklamation beantworten
11 Reklamation	B Quartalsgespräch planen
12 Mittagspause	B Investitionsentscheidung
13 Quartalsgespräche planen	C E-Mails beantworten
14 Investitionsentscheidung	
15 Telefonate, Pufferzeit	Veranlassen
16 E-Mails, Pufferzeit	Fachzeitschriften sortieren
17 Ende des Arbeitstags	Wettbewerbsanalyse

Praxistipps

Der Tag ist die kleinste und am besten überschaubare Einheit der persönlichen Zeitplanung. Nur wer sein Tagesgeschäft im Griff hat, wird auch langfristig seine Ziele erreichen.

- Oberstes Planungsprinzip ist die Schriftlichkeit. Alle Aktivitäten, Aufgaben und Termine sofort im Zeitplanbuch notieren.
- Planen Sie nicht mehr als 60 % der Zeit in den Tagesplan ein. Rechnen Sie mit 20 % der Zeit für unerwartete Aktivitäten (z.B. Störungen, Unterbrechungen). Planen Sie nochmals 20 % für spontane bzw. soziale Aktivitäten ein (kreative Zeiten).
- Planen Sie eine „stille Stunde". Verziehen Sie sich ins Konferenzzimmer oder in die Bibliothek, nutzen Sie das Schild „Bitte nicht stören".
- Fokussieren Sie sich konsequent auf Ihre Prioritäten. Fragen Sie immer wieder: „Was ist wirklich wesentlich, was bringt mich meinen Zielen näher?".
- Planen Sie am Vorabend den neuen Arbeitstag.

Survival-Tipps für den Büroalltag

In diesem Kapitel lernen Sie:

- wie Sie effektiver telefonieren,
- Besprechungen konsequent vorbereiten und durchführen,
- Aufgaben und Verantwortung mit E.M.P.O.W.E.R. delegieren,
- mehr und besser lesen und lernen,
- vom Volltischler zum Leertischler werden,
- die E-Mail-Flut bewältigen.

Darum geht es in der Praxis

Wer kennt das nicht? Montag. Arbeitsbeginn. Noch voller Vorsätze und mit einem Lächeln auf dem Gesicht grüßt man sich durch die Schar der Kollegen, die wichtigen Aufgaben für den Tag klar im Blick und schon ein erstes Überfliegen der E-Mails verrät: Erstens kommt alles anders und zweitens als man denkt. Pläne und Vorhaben sind umzustellen und die „Tyrannei des Dringlichen" hat mal wieder gewonnen.

Es sind die kleinen Dinge, die – sind sie erst zur Gewohnheit geworden – Großes bewirken. Ob beim Telefonieren, im Meeting, im Umgang mit E-Mails oder bei der Organisation des eigenen Arbeitsplatzes. Effektive Gewohnheiten zu entwickeln benötigt aber Zeit. Wenn Sie beispielsweise mit dem E.M.P.O.W.E.R.-Modell Delegieren üben, dann halten Sie sich dies bitte vor Augen. Nutzen Sie die folgenden Übungen für die Optimierung Ihres persönlichen Arbeitsstils.

Tipps für das Telefonieren

Erfolgsfaktoren ermitteln! Übung 23

5 min

Das Telefon ist ein wichtiges Werkzeug am Arbeitsplatz. Bewerten Sie hier einmal, wie Rainer Zufall telefoniert.

Rainer Zufall greift zum Telefon, denn er muss noch vor der Mittagszeit einen Großkunden zurückrufen. Eigentlich würde er das Telefonat gerne vermeiden, denn es geht um Ersatzleistungen aus der vergangenen Lieferung, die wiederum zu spät ankam und der Kunde nun am Preis nach verhandeln will. „Hallo Herr Sundermann, wir wollten nochmals über die Lieferung aus der vergangenen Woche sprechen ..." Sundermann: „Jawohl, es wird Zeit, dass Sie anrufen. Wir werden die Rechnung um 5 % kürzen. Bringen Sie mal Ihre Prozesse auf Vordermann. Wann kommt denn die nächste Lieferung?" „Nun, voraussichtlich kommenden Freitag, aber genau weiß ich das nicht." Zufall kramt in seiner Aktenablage, um nach den Kundenakten zu suchen. Sundermann: „Wissen Sie, wir brauchen die Ware am Donnerstag vor 12.00 Uhr eingehend. Sorgen Sie dafür, dass diesmal die Einzelpakete überseetauglich verpackt sind und nicht mehr als 25 kg je Einzelstück wiegen. Haben Sie das verstanden?" „Ich glaube schon", meint Zufall und schaut grimmig in die mittlerweile gefundenen Unterlagen. „Na, also dann haben wir ja verstanden", meint der Kunde, „dann ist ja alles klar." Und legt auf.

Lösung

Vorbereitung

- Rainer Zufall ging ohne Vorbereitung in das Telefonat. Er hatte den Vorgang nicht griffbereit.
- Er war sich über das Ziel und die Vorgehensweise nicht im Klaren und hatte keinerlei Informationen verfügbar.
- Ihm war nicht klar, wie viel Kompromisse er eingehen kann.

Durchführung

- Während des Telefonates sollte Rainer Zufall besser aufstehen. Stehen hilft bei anspruchsvollen Telefonaten.
- Wenn Rainer Zufall am Telefon gelächelt hätte, hätte das für einen angenehmeren Ton gesorgt.
- Formulierungen wie „das weiß ich nicht" sind unbedingt zu vermeiden. Sagen Sie lieber strategisch klug „ich werde mich gerne für Sie dazu erkundigen".

Nachbereitung

- Zufall hat das Telefonat nicht zusammengefasst und keine konkreten Vereinbarungen getroffen. Es ist nicht ersichtlich, ob die Absprachen dokumentiert sind und wer diese Informationen nun erhält, damit das Ziel „Korrekte Warenlieferung" auch erreicht wird.

Was Besprechungen effektiv macht

Besprechungen sind (k)eine Kunst!

Übung 24

10 min

Besprechungen sind ein wichtiges Führungsinstrument und oftmals leider gleichzeitig Quelle von Frust und vergeudeter Zeit. Nachstehend finden Sie die häufigsten Ursachen, warum viel Zeit in Besprechungen vergeudet wird.

Denken Sie an die eigene Besprechungskultur im Hause und erstellen Sie ein Ranking von 1 bis 10 für Ihre wichtigsten (1) bzw. unwichtigsten (10) Gründe.

	Ursachen
	Die falschen Ansprechpartner eingeladen
	Ziele des Meetings unklar
	Unpünktlicher Beginn
	Zu viele Teilnehmer
	Mangelnde Vorbereitung
	Mangelnde Nachbereitung
	Keine aussagefähige Tagesordnung
	Sinn oder Grund des Meetings unklar
	Keine Ergebnisse und keine Vereinbarungen
	Ende der Besprechung unklar oder verzögert

Lösung

Wie Ihr Ranking auch ausgefallen ist, wichtig sind folgende Aspekte:

- Bereiten Sie sich gut vor. Sorgen Sie dafür, dass alle Teilnehmer eine Agenda und sämtliche Informationen haben, um sich angemessen auf die Besprechung vorzubereiten.
- Beginnen Sie positiv. Beziehen Sie alle Teilnehmer ein und schaffen Sie eine positive Arbeitsatmosphäre.
- Kommunizieren Sie klar und nachvollziehbar die Ziele des Treffens.
- Setzen Sie Medien wie Flipchart oder Beamer ein.
- Führen Sie durch Fragen. Vermeiden Sie Ein-Weg-Kommunikation und Informationsveranstaltungen, die auch durch ein einfaches Memo ersetzt werden können. Beteiligen Sie die Teilnehmer!
- Bleiben Sie beim Thema. Halten Sie Vielredner auf der Spur und aktivieren Sie die schweigenden Teilnehmer, sonst verpassen Sie wichtige Informationen.
- Achten Sie auf konkrete Vereinbarungen, indem Sie Verantwortlichkeiten und Zeitfenster festlegen. Sorgen Sie für einen positiven Abschluss.

> Führungskräfte verbringen nicht selten 50 % ihrer Zeit mit Meetings. Prüfen Sie ernsthaft, ob Sie eine Besprechung einberufen oder an ihr teilnehmen müssen.

Ja, delegieren kann man lernen

Finden Sie die Fehler!

Übung 25
5 min

Delegieren heißt, Verantwortung und Autorität mit anderen zu teilen, so dass man sich gemeinsam dem vereinbarten Leistungsziel verpflichtet fühlt. Stellen Sie sich vor: Sie denken darüber nach, wie Sie einem Mitarbeiter in Ihrer Abteilung mehr Verantwortung geben können. Sie finden nun nachfolgend einen sehr fehlerhaften Delegationsplan. Welche Inhalte fehlen oder sind falsch formuliert?

E.M.P.O.W.E.R.	Um was geht es?
Ergebnisse	Der Mitarbeiter soll so schnell wie möglich mehr Verantwortung übernehmen!
Motivation	Ich bin froh, wenn ich den Job los bin. Er kostet mich Zeit und Nerven.
Person	Der Mitarbeiter soll sich reinhängen und alles geben. Mehr kann man von einem Menschen nicht erwarten.
Ordnung	Wie wir das anpacken, entscheiden wir, wenn es soweit ist.
Werkzeuge	R.Z. wird sich schon selber melden, wenn er etwas benötigt, um seinen Job zu tun.
Erledigung	Lieber heute als morgen!
Rückmeldung	Wenn etwas nicht klappt, werde ich es schon sagen.

Lösung

Nun, welche Fehler haben Sie gefunden? Nachstehend finden Sie eine Reihe von Haltungen und Faktoren, die in der Delegation immer wieder falsch gemacht werden.

E.M.P.O.W.E.R.	Um was geht es?
Ergebnisse	Keine Beschreibung der Aufgabe. Kein Termin, was bis wann delegiert sein soll.
Motivation	Die Motivation ist fragwürdig, weil sie nur das eigene Interesse und weder die eigene Joberfüllung noch das Interesse des Mitarbeiters berücksichtigt.
Person	Menschen haben Stärken und Schwächen. Wie können diese bei Rainer Zufall berücksichtigt werden?
Ordnung	Menschen brauchen Orientierung und einen verlässlichen Handlungsrahmen. Der fehlt hier.
Werkzeuge	Es liegt in der Verantwortung des Delegierenden, für die notwendigen Arbeitsmittel zu sorgen oder zumindest zu erklären, was benötigt wird. Das spart Zeit und unnötige Frustration.
Erledigung	Konkreter Termin fehlt.
Rückmeldung	Menschen erwarten Rückmeldung, die konkret und von Wertschätzung geprägt ist. Das macht sie leistungsfähig.

Praxistipps

- Welche Befürchtungen halten Sie davon ab, mehr zu delegieren? Delegieren braucht Mut.
- Beobachten Sie aktiv andere Kollegen oder Partner in ihrem Delegationsverhalten. Erkennen Sie, was Sie von ihnen eventuell noch lernen können.

Delegieren, aber praktisch

Übung 26

5 min

Nun nehmen Sie sich eine eigene Aufgabe vor und planen die Delegation mit dem E.M.P.O.W.E.R.-Modell.

Ergebnisse	Was sind die erstrebten Teilaufgaben und Ergebnisse?
Motivation	Was ist mein persönlicher Nutzen und was ist der Nutzen für den Mitarbeiter?
Person	Welche (außer-)beruflichen Erfahrungen hat mein Mitarbeiter und werden die Ressourcen bereits genutzt?
Ordnung	Was ist zu beachten? Vorgehensweise, Umfang, Kosten, wichtige Details.
Werkzeuge	Welche Arbeitsmittel/Informationen werden benötigt und stehen zur Verfügung?
Erledigung	Welche Meilensteine, Kontrolltermine, Endtermine sind zu beachten?
Rückmeldung	Wann erhalten die Beteiligten Rückmeldung über die geleistete Arbeit?

Lösung

Wenn Sie delegieren, sollten Sie stets Folgendes bedenken:

- Überlegen Sie vor dem Delegieren, wie und wann Sie den Fortschritt kontrollieren werden. Nur wenn Sie kontrollieren können, sollten Sie die Aufgabe delegieren.
- Halten Sie die wichtigen Details schriftlich fest. Geben Sie der anderen Person eine Kopie.
- Delegieren Sie auch das Recht, Fehler zu machen. Nutzen Sie Fehler als Teil des Lernprozesses.
- Zwischen-Kontrolle bedeutet nicht, der Person ständig im Nacken zu sitzen. Lassen Sie den anderen die Aufgabe selbstständig erledigen, aber führen Sie regelmäßige Kontrollen an wichtigen Meilensteinen oder kritischen Punkten durch.
- Unterbinden Sie Rück-Delegation. Besprechen Sie nicht nur Probleme, sondern bitten Sie um Lösungsvorschläge. Helfen Sie anderen, gute eigene Entscheidungen zu treffen.

Praxistipp

Bestehen Sie auf Ergebnisse, aber nicht auf Perfektion. Es gibt meist mehrere Wege, das selbe Ergebnis zu erreichen. Bestehen Sie nicht darauf, dass jeder alles so tut, wie Sie es gerne hätten. Lernen Sie, mit Unterschieden zu leben. Gut ist besser als perfekt!

Lesen und Lernen

Schnell lesen will geübt sein

Übung 27
5 min

Es ist einfach unmöglich, alles zu lesen. Vieles werfen Sie in den Papierkorb. Manches legen Sie zur Seite: Das müssten Sie noch genauer ansehen. Heute vielleicht, morgen, oder am Wochenende. Der Berg wird immer höher. Irgendwann werfen Sie ihn ungelesen weg, um den nächsten Berg anzuhäufen. Das muss nicht sein.

Überprüfen Sie nun mit dem nachfolgenden Fragebogen Ihr Leseverhalten:

Frage	J	N
Verirren Sie sich beim Zeitung lesen manchmal in eine andere Spalte?		
Verdrehen Sie einzelne Buchstaben und Wörter?		
Lassen Sie Wörter aus?		
Bewegen Sie den Kopf beim Lesen mit?		
Zeigen Sie mit dem Finger auf den zu lesenden Text?		
Formulieren Sie beim Lesen mit den Lippen?		
Sprechen Sie den Text beim Lesens halblaut mit?		
Schalten Sie gedanklich ab?		

Lösung

Wenn Sie mehrmals mit ja geantwortet haben, lesen Sie falsch. Das kommt daher, dass Ihnen in der Schule beigebracht wurde, Texte Wort für Wort zu lesen. Dabei lesen wir häufig, was wir schon kennen. Dass im täglichen Leben andere Anforderungen bestehen, haben Ihnen Ihre Lehrer damals nicht vermittelt.

- Grafiken beachten. Der Blick auf Grafiken und deren Unterzeilen reicht oft schon, um das Neue und wichtige sofort zu erkennen.
- Untertitel und Randbemerkungen lesen.
- Bei vielen Publikationen werden wichtige Aussagen herausgehoben. Zusätzlich gibt es Zusammenfassungen und Fettgedrucktes oder bei Leitsätzen kursiv gedrucktes oder abschließende Zusammenfassungen. Diese helfen, die Grundaussage zu verstehen, ohne gleich den ganzen Text lesen zu müssen.
- In Briefen genügt oft ein Blick auf die Betreffzeile oder die Unterschrift, um zu beurteilen, ob der Inhalt wichtig ist oder vernachlässigt werden kann.

Die ÜFLFÜ-Lernmethode

Übung 28
10 min

Das methodische Lernen geht wesentlich schneller und hat zu der Erkenntnis geführt, dass fünf Stunden herkömmliches Lesen im Ergebnis die gleichen Resultate erbrachte wie 15 Minuten mit der Ü-F-L-F-Ü-Methode (siehe Knoblauch: Lernstress ade!).

Alt: Sie haben ein Fachbuch, und lesen es von vorne bis hinten durch. Wenn Sie Inhalte behalten wollen (für eine Prüfung), wiederholen Sie alles nochmals.

Neu: Sie wählen den Weg zur sinnvollen Erarbeitung eines Textes anhand der Ü-F-L-F-Ü-Methode, um den Lesestoff rationell zu erarbeiten.

Ü	Überfliegen des Lesestoffes vor dem Lesen.
F	Fragen: Welche Schwerpunkte enthalten sein könnten.
L	Lesen und dabei auch das Gedächtnis bewusst nützen.
F	Festhalten in eigenen Worten, was gelesen wurde.
Ü	Überprüfen des eigenen Gedächtnisses nach einigen Stunden und nach ein paar Tagen.

Aufgabenstellung:

Nehmen Sie einen Artikel aus einer Fachzeitschrift und gehen Sie nach der ÜFLFÜ Methode vor.

Welche Schwerpunkte sind in diesem Artikel enthalten?

____

____

____

____

____

Halten Sie in eigenen Worten fest, was Sie gelesen und gelernt haben.

____

____

____

____

____

Machen Sie einen Termin in Ihrer Tagesplanung, wann Sie den gelernten Stoff wiederholen, damit Ihre Lernzeit durch Methodik verringert wird.

Dieser Termin ist am

____

Vom Volltischler zum Leertischler

Sechs Schritte zu einem leeren Schreibtisch

Übung 29
1 min

Ein unaufgeräumter Arbeitsplatz wirkt unmotivierend. Lange Suchzeiten, Unwohlsein und schlechtes Gewissen belasten. Kreuzen Sie an, welches Problem auf Sie zutrifft.

Problem:		Trifft zu	Trifft nicht zu
1	Laufende Projekte stapeln sich mit veralteten Unterlagen auf dem gesamten Schreibtisch.		
2	Wichtige Infos wie Jahresterminplan, Telefonliste nicht griffbereit.		
3	Locher, Tacker, Tesa sind selten griffbereit.		
4	Die Schreibtischschubladen sind unübersichtlich organisiert und vollgestopft.		
5	Schreibtischunterlagen werden mit Informationen vollgepackt. Das Auge nimmt unbewusst viele Infos auf.		
6	Viele Informationen liegen auf einem Stapel, weil man sie noch lesen will.		

Lösung

Je nachdem, welchen Punkt Sie angekreuzt haben, wird es Ihnen helfen, folgende Lösungsvorschläge zu beherzigen.

1	Einsortieren laufender Projekte in eine Box (Mappe, Leitz) mit 31 Projektmappen und Inhaltsverzeichnis (DIN A4) als Überblick.
2	Sortieren der Unterlagen in Folienordnern bzw. Folienständern.
3	Locher, Tacker, Tesa nach einer Schablone in einer Schublade anordnen.
4	Schreibtischschublade durch Trennelemente so unterteilen, dass nur Fächer entsprechend der darin zu lagernden Utensilien entstehen.
5	Anschaffen einer neuen Schreibtischunterlage. Anordnen der Infos in einem Folienständer (Siehe Punkt 2).
6	Einrichten eines Regalfaches „Zum Lesen“ mit begrenztem Fassungsvermögen. Wenn das Fach voll ist, wird von unten nach oben weggeworfen.

Finden Sie Ihr System!

Übung 30
5 min

Täglich landen zahlreiche Informationen auf Ihrem Schreibtisch in Form von Papierpost, Faxen und E-Mails. Informationen werden aber meist nicht sofort abgearbeitet, sondern bleiben erst einmal in Stapeln liegen. Entscheiden Sie, welche Vorgehensweise Sie bei Ihren verschiedenen Dokumenten in Zukunft anwenden wollen:

Was kann ich wegwerfen?	z.B. Werbung
Was kann ich weiterleiten?	z.B. Schriftliche Unterlagen zu einem Projekt
Was gehört in die Ablage?	z.B. Preisliste des Lieferanten
Was werde ich bearbeiten?	z.B. Informationen der morgigen Besprechung

Praxistipps

- Handeln Sie strikt nach dem Sofort-Prinzip (Direkt-Prinzip), d.h. alle Aufgaben, die nicht länger als drei Minuten dauern, erledigen Sie sofort.
- Alles hat einen Platz und alles hat seinen Platz.
- Hinterlassen Sie jeden Abend einen leeren Schreibtisch.
- Buchen Sie ein Seminar beispielsweise zum Thema „Aufgeräumtes Büro". Gehen Sie zu zweit, damit Sie sich später besser absprechen und ergänzen können.

Rettungsring für die E-Mail-Flut

Behalten Sie den Überblick

Übung 31

20 min

Wer alle seine Nachrichten im Posteingang liegen lässt, verliert oft den Überblick: Noch zu erledigende Punkte und zu beantwortende Nachrichten werden übersehen bis es zu spät ist. Zwar findet man vieles anhand bestimmter Schlüsselwörter mit der Suche wieder oder weiß noch etwa, wer „irgendwann vor drei Wochen" dazu etwas geschickt hatte, doch ca. 10 % aller Nachrichten (je nach Person auch etwas mehr oder weniger) bleiben einem auch so verborgen. Wenn man sie dringend braucht, findet man sie zwischen den zahlreichen anderen Nachrichten nicht wieder. Es fällt einem gerade nicht mehr ein, wer es wann geschickt hat oder die passenden Schlüsselwörter fehlen ...

Legen Sie sich daher ein Ordnersystem für E-Mails an, in das Sie Nachrichten verschieben. Nur ungelesene Mails bleiben im Posteingang, notfalls auch zur Bearbeitung offene. Am besten sortieren Sie jedoch auch diese in die Ordnerstruktur (je nach Fähigkeiten Ihres Mailclients, diese z.B. in der Aufgabenliste zu vermerken oder zur Nachverfolgung bzw. Erledigung zu kennzeichnen).

Sehen Sie Ihre Nachrichten durch und legen Sie sich ein Ordnersystem mit Unterordnern an, das gut zu Ihrem Aufgabenbereich und Ihrer Arbeitsweise passt, um die Nachrichten künftig einzusortieren.

Lösung

Die Ordner könnten Sie z.B. nach Projekten oder Kunden sortieren. Wählen Sie pro Ebene drei bis sieben Ordner und maximal drei Ebenen für die Verschachtelung. Wenn Sie zur Bearbeitung offene Nachrichten aus dem Posteingang entfernen möchten, Ihr Mailclient aber keine erweiterten Funktionen bietet, bietet sich Folgendes an: Legen Sie einen Ordner „@Todo" sowie Unterordner der Form „Diese Woche", „Bis Monatsende" usw. an und lassen nur heute Fälliges im Posteingang. Auch die Prioritätsstufen A-D des Eisenhower-Prinzips können Sie anwenden. Prüfen Sie, ob sich für Sie drei entsprechende Ordner eignen (D-Mails sofort löschen).

Praxistipps

- Wer beim Eintreffen einer neuen E-Mail seine Tätigkeit unterbricht, benötigt danach deutlich mehr Zeit, um sich wieder zu konzentrieren. Eine Alternative: drei Mal täglich je 30 Minuten den Posteingang im Block bearbeiten.
- Sehen Sie neue E-Mails im Block durch, löschen Sie möglichst schnell und viel. Erledigen Sie Kleinigkeiten und Prio-A-Mails sofort. Alles andere verschieben Sie in Ordner und planen einen Erledigungstermin.
- Wenn Sie sich nicht sicher sind, ob Sie auf eine E-Mail reagieren sollen: Führen Sie einen Ordner für solche „Priorität-4-Mails" ein. Schauen Sie diesen Ordner nur jeweils am Wochenbeginn durch und löschen Sie dabei möglichst viel. Oft sieht man nach ein paar Tagen bereits klarer und vieles hat sich dann längst erledigt.

Klarheit spart Zeit

Übung 32
30 min

Oft erzeugen schnell und dabei flüchtig beantwortete sowie unklar formulierte Nachrichten Verwirrung, etliche Rückfragen oder fehlerhafte Ergebnisse. Es lohnt sich daher, etwas mehr Zeit beim Schreiben zu investieren. Sehen Sie Ihre Nachrichten auf positive bzw. negative Beispiele durch und stellen Sie zehn Punkte als „Stilrichtlinien" auf.

Lösung

Lösen Sie die Übung am besten mit Kollegen zusammen. So finden Sie bessere Ideen und können gleich die Umsetzung im Team vereinbaren (z.B. „Nicht mehr auf Verdacht viele Empfänger auf CC: setzen, sondern nur noch Personen, von denen eine Antwort oder eine Aktion gefordert wird oder die die Informationen wirklich benötigen"). Drucken Sie die Regeln aus und beachten Sie diese bewusst beim Schreiben.

Praxistipps

- Haben Sie alle benötigten Infos eingefügt (z.B. Telefonnummern von Ansprechpartnern/Ihre eigene Adresse)?
- Formulieren Sie so kurz und übersichtlich wie möglich. Das spart Zeit beim Empfänger und erhöht die Chance, dass Ihre wichtigsten Punkte nicht „im Text untergehen".
- Was ist Ihnen klar, aber dem Empfänger nicht? Wo empfiehlt es sich, Hintergründe oder Abkürzungen zu erklären?

- Statt „Wäre auch gut, den Status mal zu wissen“: Schreiben Sie klar, worum es geht, „Zur Info“, oder ob Sie eine Reaktion erwarten sowie bis wann und in welcher Form, ggf. mit Beispiel. „Bitte sendet mir jeden Freitag bis 12.00 Uhr einen Statusbericht, siehe angehängte einseitige Vorlage“, verhindert außer überflüssigen 20-Seitern auch, dass Sie andere Daten/Antworten erhalten als benötigt.
- Verwenden Sie immer eine Betreffzeile – formulieren Sie dabei kurz und prägnant, worum es in der E-Mail geht.

So schreiben Sie eine gute Betreffzeile

- Geben Sie in einem halben Satz das Thema der Nachricht sowie ggf. das Projekt und den Kundennamen an.
- Fügen Sie ein Fälligkeitsdatum ein, wenn Sie den Empfänger um eine Aktion bitten (z.B. „bis 23.02.").
- Passen Sie den Betreff an, wenn der E-Mail-Text fertig ist – so beschreiben Sie den Inhalt treffender.
- Schreiben Sie mehrere, getrennte E-Mails, wenn es um verschiedene, nicht zusammenhängende Themen geht (z.B. eilige Frage für Projekt C und Ideen für die Messe in zehn Monaten).
- Wollen Sie bereits im Betreff eine klare Angabe über die erforderliche Aktion aufnehmen? Dies wirkt im ersten Moment etwas autoritär, hilft aber allen, schneller die Relevanz einzustufen und zu sehen, ob eine Antwort, eine weitere Aktion, ein baldiges Lesen oder nur ein Aufbewahren ohne Lesen erforderlich ist.

Aufbruch zur Gelassenheit

In diesem Kapitel lernen Sie wie Sie

- eine positive Einstellung zu Ihrer Arbeit entwickeln können,
- gezielt Mentoring für Ihren persönlichen Erfolg einsetzen,
- besser Verantwortung für Ihre Aufgaben übernehmen können,
- proaktiv an Ihre Aufgaben herangehen.

Darum geht es in der Praxis

Die Werkzeuge des Zeitmanagements sind immer nur so gut, wie deren Anwender. Das Richtige zu Wissen ist noch lange kein Garant dafür auch das Richtige zu tun. Das größte Hindernis für ein erfolgreiches Zeitmanagement ist selten der fehlende Zeitplaner oder die mangelnde Kenntnis, wie man Prioritäten setzt. Das größte Hindernis sind wir selber – unsere eigenen uneffektiven Gewohnheiten, unsere Trägheit und das Haustier, das sich viele halten: Der ‚innere Schweinehund'. Nun, welche Schritte können wir gehen, damit das Wissen vom Kopf in das Herz, von dort in die Hand auf das Papier und dann zur Tat wird?

Wir können gezielt an unseren Einstellungen arbeiten, wir können nach Menschen Ausschau halten, die uns inspirieren und uns dazu anleiten können, neue Fertigkeiten anzueignen und diese dann auch konsequent einzusetzen. Dies erfordert jedoch Bereitschaft und Arbeit. Wachstum und Reife geschieht selten über Nacht, sondern erfordert Zeit zu säen und zu investieren.

Aufbruch zur Gelassenheit bedeutet, alte Gewohnheiten zu lassen und neue einzuüben. Im 21. Jahrhundert sind wir es gewohnt, Antworten und Ergebnisse per Knopfdruck zu erhalten. Wenn es um Änderung unseres Verhaltens geht, dann sind alte Tugenden gefragt, wie Verlässlichkeit, Treue und Beständigkeit. Eine souveräne Gelassenheit erlangt der, der bereit ist den Weg ohne Abkürzungen zu gehen.

Eine positive Einstellung gewinnen

Selbsteinschätzung

Übung 33
5 min

Die persönliche Einstellung entscheidet maßgeblich über Ihren Erfolg. Positive, wie negative Einstellungen prägen unser Verhalten. Unser Verhalten hat Auswirkungen auf die Joberfüllung und auf die Menschen, die uns umgeben. Darauf haben wir nicht immer Einfluss, jedoch auf die Wahl unserer Einstellung haben wir immer Einfluss. Markieren Sie die positiven, wie negativen Einstellungen, Verhaltensweisen und Konsequenzen, die Sie an sich wahrnehmen. Welche Erkenntnisse nehmen Sie für sich mit?

Einstellung →	Verhalten →	Konsequenzen
Unentschlossenheit	beliebig	Langeweile
Geiz	kritisch	Sorge
Minderwertigkeit	gereizt	Erschöpfung
Neid	zynisch	Unzufriedenheit
Argwohn	pessimistisch	Frustration
Zuversicht	optimistisch	Energie
Geduld	freundlich	Wachstum
Leistungswille	begeistert	Erfolg
Vertrauen	herzlich	Freundschaft
Tatkraft	entschlossen	Abenteuer

Lösung

Je nach Ergebnis sollten Sie sich die folgenden Dinge fragen:

- Wie viel Spaß darf Arbeit machen? Was gibt Ihnen Energie bei der Arbeit? Jede Arbeit besteht auch aus Routine, jedoch muss Ihnen mindestens 20 % der Aufgabe Freude machen, sonst machen Sie „Dienst nach Vorschrift" und das ist der erste Schritt zur (inneren) Kündigung.
- Menschen spielen eine große Rolle. Kollegen, Kunden und Vorgesetzte brauchen Ihre Leistung und Ihren Beitrag. Wie können Sie dazu beitragen, damit andere Menschen einen erfolgreichen Tag haben?
- Seien Sie ganz präsent, hören Sie zu und konzentrieren Sie sich auf Ihr Gegenüber. Menschen merken was Ihnen wichtig ist. Also halten Sie das Wichtige wichtig!
- Leben Sie im Heute oder haben Sie das Robinson-Crusoe-Syndrom – ‚Warten auf Freitag'? Bei Letzterem stellen Sie sich konkret die langfristigen Konsequenzen dieser Einstellung vor und entscheiden Sie bewusst, welche Einstellung Sie in Zukunft haben wollen.

Wie anders würden Sie Ihren Job tun, wenn Sie sich für eine negative Einstellung entscheiden?

Mentoring – Menschen zum Erfolg führen

Wer fördert mich?

Übung 34

15 min

Mentor war der Lehrer und Erzieher von Telemachos, dem Sohn des Odysseus. Mentor kümmerte sich um den Sohn, wenn Odysseus auf langer Reise unterwegs war. So wurde der Name Synonym für Menschen, die in andere Menschen investieren. Persönliches Wachstum braucht Voraussetzungen. Stellen Sie eine Liste der Menschen in Ihrem Umfeld auf, von denen Sie profitieren können und die Sie bereits prägend beeinflusst haben.

Namen (potenzieller) Mentoren	Fähigkeiten und Erfahrungen, von denen ich profitieren kann

Lösung

So könnte Ihre Auflistung aussehen:

Namen (potenzieller) Mentoren	Fähigkeiten und Erfahrungen von denen ich profitieren kann
Rainer Zufall	Aufbau einer Teilkostenrechnung Bilanzierung und Konsolidierung
Eva Lehmann	Bewusster Einsatz von Körpersprache

Praxistipps

- Definieren Sie einen oder mehrere Bereiche, in denen Sie einen Menschen als Mentor akzeptieren. Er soll Ihnen durch seine Rückfragen und seinen Rat zur Steigerung Ihrer Effektivität helfen.
- Sie vereinbaren einen Zeitraum, für den diese Mentoring-Beziehung Gültigkeit haben soll.
- Sie vereinbaren verbindliche Termine, an denen Sie sich austauschen. Klären Sie dann z.B. solche Fragen: Was ist mir gut gelungen? Warum? Wie kann ich diese gute Erfahrung wiederholen? Oder: Was klappt immer noch nicht? Welche Handlungsweise muss ich bei mir ändern? Wie?
- Scheuen Sie sich nicht auch prominente Mentoren anzusprechen. Stellen Sie sich die Frage: Wer ist der Beste in diesem Feld?

> Bauen Sie Mentoring-Beziehungen langfristig auf.

Verantwortung übernehmen

Eigene Stolpersteine kennen

Übung 35
5 min

Was hat Verantwortung mit Zeitmanagement zu tun? Nun, es geht darum, dass Sie Schritt für Schritt die Erkenntnisse aus diesem Buch umsetzen. Niemand als Sie selbst sind es, der dies tun kann. Gerne schieben wir andere Gründe vor, wenn es darum geht, zu erklären, warum wir mal wieder nicht die gesetzten Ziele erreicht haben. Sammeln und analysieren Sie die Gründe und die Einflussfaktoren, die Sie in der Vergangenheit gehindert haben, ein Ziele zu erreichen, z.B. mehr Erfolg und Zufriedenheit im Beruf. Finden Sie zu diesem Ziel mindestens 20 verschiedene Stolpersteine!

Meine Stolpersteine für mehr Erfolg:	
1 ______	7 ______
2 ______	8 ______
3 ______	9 ______
4 ______	10 ______
5 ______	11 ______
6 ______	12 ______

Lösung

Meine Stolpersteine für mehr Erfolg können diese sein:

Unberechenbare Vorgesetzte Umstrukturierungen im Haus Unklare Aufgabenstellung Zu optimistische Einschätzung des Zeitbudgets Schlecht ausgebildete oder schlecht informierte Mitarbeiter und Kollegen	Mangelnde Vorbereitung Häufig wechselnde Anforderungen der Kunden Mangelnde Motivation, ein Projekt durchzuziehen, dessen Ziele und Sinn unklar sind. Schlechte Verhandlung wegen mangelnder Sprachkenntnis

Praxistipps

- Es fällt Ihnen vielleicht nicht leicht, mindestens 20 Einflussfaktoren zu beschreiben. Bleiben Sie jedoch dran!
- Sprechen Sie dazu auch mit Kollegen und Partnern. Fragen Sie nach deren Einschätzung.
- Seien Sie ehrlich zu sich selbst! Welchen Anteil am Problem hat direkt etwas mit Ihnen zu tun.
- Bleiben Sie nicht bei den vordergründigen Faktoren stehen, bedenken Sie vielfältige Faktoren. Versuchen Sie Muster zu erkennen, warum Sie manche Dinge nicht umsetzen.
- Priorisieren Sie die Stolpersteine, indem Sie die fünf wichtigsten mit einem Leuchtmarker hervorheben.

Den eigenen Einflussbereich stärken

Übung 36
5 min

Wenn Sie die eigenen Stolpersteine identifiziert haben, geht es nun darum, zu erkennen, wie Sie praktisch Verantwortung übernehmen können, indem Sie sich auf Ihren Einflussbereich konzentrieren. Dies ist besser als unnütz Energie zu verlieren, wenn Stolpersteine in Ihrem Interessensbereich sind. Hier können Sie nichts ändern. Ordnen Sie nun Ihre Lösungen von Übung 35 in Interessensbereich und Einflussbereich ein.

Interessensbereich Themen, Situationen und Aufgaben, die ich nicht beeinflussen kann	**Einflussbereich** Themen, Situationen und Aufgaben, die ich direkt oder indirekt beeinflussen kann

Lösung

Interessensbereich	Einflussbereich
Unberechenbare Vorgesetzte Umstrukturierungen im Hause Schlecht ausgebildete oder informierte Mitarbeiter und Kollegen Wechselnde Anforderungen der Kunden	Zu optimistische Einschätzung des Zeitbudgets Unklare Aufgabenstellung Mangelnde persönliche Vorbereitung Mangelnde Motivation, ein Projekt durchzuziehen, dessen Ziele und Sinn unklar sind

Praxistipps

- Interessensbereich: Alle Themen, Situationen und Aufgaben, an denen ich ein Interesse an Veränderung habe – ich jedoch keinen Einfluss darauf habe. Hier ist es unnütz Zeit, Kraft und Nerven einzusetzen.
- Einflussbereich: Alle Themen, Situationen und Aufgaben, an denen ich einen direkten oder indirekten Einfluss auf Veränderung habe. Konzentrieren Sie Ihre ganze Energie auf diese Faktoren.

Je mehr Sie sich auf den eigenen Einflussbereich konzentrieren, desto schneller erkennen Sie, welche Faktoren sich nachhaltig verändern lassen. Gemäß dem Gebet, das Friedrich Oettinger zugeschrieben wird: „Herr lass mich erkennen, was ich verändern kann. Herr lass mich erdulden, was ich nicht ändern kann und schenke mir die Weisheit das eine vom anderen zu unterscheiden."

Mit P.R.O. aktiv werden

Potenzialen Richtung geben

Übung 37

5 min

Jetzt ist es an der Zeit, Maßnahmen zu formulieren, wie Sie praktisch das Erarbeitete umsetzen. P.R.O. steht für Potenzial erkennen, mit Prioritäten der eigenen Arbeit Richtung geben und diese dann Offensiv umzusetzen. Nennen Sie mit einigen Stichworten die eigenen Stärken (Potenziale) und die Prioritäten (Richtung geben), die Sie auf Seite 118 erarbeitet haben.

Potenziale	
Richtung geben	

Lösung

In unserem Beispiel sieht die Lösung so aus:

Potenziale	Zehn Jahre Erfahrung im Key Account Management. Extrovertiert und lösungsorientiert. Hohes Maß an Eigenmotivation und Eigeninitiative. Einschlägige Kunden- und Branchenkenntnisse.
Richtung geben	Key Account Management für den Bereich Südosteuropa einführen. Idealgewicht von 80 kg halten und sich wohl fühlen. Spanisch verhandlungssicher lernen.

Praxistipps

- Potenziale: Für viele Menschen ist es einfacher, die Schwächen als die Stärken zu beschreiben. Die Stärken sind es jedoch, die unsere Möglichkeiten beschreiben, wie wir arbeiten und Aufgaben anpacken.
- Suchen Sie das Gespräch mit Partnern und Kollegen, wenn Sie Ihre Stärken zusammenstellen.
- Richtung geben: Wählen Sie mindestens fünf Prioritäten aus, die Sie erarbeitet haben.
- Beachten Sie, dass die Umsetzung Ihrer Prioritäten in Ihrem Einflussbereich liegen.

Aktiv werden

Übung 38
5 min

Nachdem Sie Ihre Stärken und Prioritäten zusammengestellt haben formulieren Sie nun 5-10 praktische Aktions-Schritte, um die Prioritäten offensiv umzusetzen.

Offensiv umsetzen	
	1
	2
	3
	4
	5
	6
	7
	8
	9
	10

Lösung

Für ein erfolgreiches Zeitmanagement ist das Entwickeln neuer Gewohnheiten von zentraler Bedeutung.

- Beschreiben Sie alte Gewohnheiten, die Sie verändern und ablegen wollen.
- Beschreiben Sie neue Gewohnheiten, die Sie aufbauen wollen.

Praxistipps

- Formulieren Sie die notwendigen Schritte, die Sie unternehmen werden, damit Sie für Ihr Vorhaben einen erfolgreichen Start erleben.
- Klären Sie bereits jetzt, was Sie vermeiden werden, damit Sie nicht von Ihren neuen Gewohnheiten abkommen.
- Denken Sie darüber nach, welche Personen Sie um Unterstützung bitten werden. Was konkret können diese Personen leisten?
- Kontrollieren Sie regelmäßig Ihren Fortschritt am besten mit einem elektronischen Organizer, Ihrem PC oder Zeitplanbuch.
- Vergessen Sie nicht: Gönnen Sie sich eine Belohnung, wenn Sie eine Gewohnheit nachhaltig verändert haben.

Halten Sie in den kommenden drei Monaten alle 14 Tage Ihre neuen Erkenntnisse im Zeitmanagement schriftlich fest. Und genießen Sie Ihre Erfolge!

Stichwortverzeichnis

Bibliografische Information der Deutschen Nationalbibliothek
Die Deutsche Nationalbibliothek verzeichnet diese Publikation in der Deutschen Nationalbibliografie; detaillierte bibliografische Daten sind im Internet über http://dnb.d-nb.de abrufbar.

ISBN 978-3-448-10151-5
Bestell-Nr. 00345-0001

Redaktionsanschrift: Fraunhoferstraße 5, 82152 Planegg/München
Telefon: (089) 895 17-0,
Telefax: (089) 895 17-290
www.haufe.de
online@haufe.de Internet www.haufe.de
Lektorat: Dr. Ilonka Kunow, Petra Sparrer, Tobias Büscher
Redaktion: Jürgen Fischer
Redaktionsassistenz: Christine Rüber

Umschlaggestaltung: Kienle gestaltet, 70178 Stuttgart
Umschlaggestaltung: Agentur Buttgereit & Heidenreich, 45721 Haltern am See
Cartoons: Werner Tiki Küstenmacher
DTP: Agentur: Satz & Zeichen, Karin Lochmann, 83071 Stephanskirchen
Druck: freiburger graphische betriebe, 79108 Freiburg

Zur Herstellung der Bücher wird nur alterungsbeständiges Papier verwendet.

Die Autoren

Prof. Dr. Jörg Knoblauch

Vortragsredner und geschäftsführender Gesellschafter der Firmen tempus (www.tempus.de, Zeitplansysteme, Seminare), persolog (www.persolog.com, Persönlichkeits-Profile) und tempus-Consulting. Buchautor mit über 400.000 verkauften Büchern zu den Themen Selbst-, Zeit- und Zielmanagement sowie Berufs- und Lebenszielplanung, die in ein Dutzend Sprachen übersetzt wurden. Gewinner vieler hochkarätiger Wirtschaftspreise und bekannt durch verschiedene Fernsehauftritte.
E-Mail: j.knoblauch@tempus.de

Holger Wöltje

Deutschlands führender Experte für E-Mail- und Zeitmanagement mit Outlook, Blackberry und iPhone. Er unterstützt u. a. Mitarbeiter der Credit Suisse, Deutschen Post, REWE, SAP und Lufthansa dabei, ihren Arbeitsstil zu optimieren. In Vorträgen und Seminaren zeigt er Outlook- und Blackberry-Nutzern, wie sie ihre Termine, Aufgaben und E-Mails in den Griff bekommen und mehr Zeit für das gewinnen, was ihnen wirklich wichtig ist.
www.zeit-im-griff.de; E-Mail: woeltje@zeit-im-griff.de

Von Prof. Dr. Jörg Knoblauch und Holger Wöltje stammt der erste Teil dieses Buches (S. 7 bis 125).

Marcus B. Hausner

ist Personal- und Organisationsentwickler mit den Kernkompetenzen in Team-Führung, Mitarbeiter-Führung, Blended Learning und LiveOnline-Working.
www.marcushausner.com

Martin Kimmich

Trainer für Selbst-, Zeit-, und Zielmanagement, Wirtschaftsmediator und Lebensberater. Sein Schwerpunkt ist im Coaching von Führungskräften, d.h. Work-Life-Balance-Findung, Entscheidungsfitness, Training der Selbst- und Fremdwahrnehmung und die Führung von Teams. Er ist Dozent an der Steinbeis University Berlin (SHB) für Ethik und Konfliktmanagement.
www.ausgeglichener-leben.de, MK@Kimmich-Coaching.de

Siegfried Lachmann

ist Trainer, Berater und Coach für Lebensplanung und Verhaltensänderung.
Unter www.siegfriedlachmann.de finden Sie weitere Informationen.

Von Holger Wöltje, Marcus B. Hausner, Martin Kimmich und Siegfried Lachmann stammt der zweite Teil dieses Buches (S. 128 bis 244).

Weitere Literatur

„Stressmanagement. Das Kienbaum Trainingsprogramm" von Matthias Meifert (Hrsg.), Christine Kentzler, Julia Richter, 200 Seiten, € 24,95.
ISBN 978-3-448-08741-3, Bestell-Nr. 00179

„Projektmanagement Checkbook" von René Sutorius, 208 Seiten, mit CD-ROM, € 24,80.
ISBN 978-3-448-06815-3, Bestell-Nr. 00232

„Gut sein allein genügt nicht. Wie Sie im Job den Erfolg haben, den Sie verdienen" von Doris Brenner und Frank Brenner, 194 Seiten, € 19,80.
ISBN 978-3-448-09069-7, Bestell-Nr. 00244

„Nein sagen. Die besten Strategien" von Monika Radecki, 128 Seiten, € 6,90.
ISBN 978-3-648-01248-2, Bestell-Nr. 00966

Haufe TaschenGuides

Kompakte Informationen zum kleinen Preis

Der Betrieb in Zahlen

- ABC des Finanz- und Rechnungswesens
- 400 Mini-Jobs
- Balanced Scorecard
- Betriebswirtschaftliche Formeln
- Bilanzen
- BilMoG
- Buchführung
- Businessplan
- BWL Grundwissen
- BWL kompakt
- Controllinginstrumente
- Deckungsbeitragsrechnung
- Einnahmen-Überschussrechnung
- Finanz- und Liquiditätsplanung
- Formelsammlung Betriebswirtschaft
- Formelsammlung Wirtschaftsmathematik
- Die GmbH
- IFRS
- Kaufmännisches Rechnen
- Kennzahlen
- Kontieren und buchen
- Kostenrechnung
- Statistik
- VWL Grundwissen

Mitarbeiter führen

- Besprechungen
- Checkbuch für Führungskräfte
- Führungstechniken
- Die häufigsten Managementfehler
- Management
- Managementbegriffe
- Mitarbeitergespräche
- Moderation
- Motivation
- Projektmanagement
- Qualitätsmanagement
- Spiele für Workshops und Seminare
- Teams führen
- Workshops
- Zielvereinbarungen und Jahresgespräche

Karriere

- Assessment Center
- Existenzgründung
- Gründungszuschuss
- Jobsuche und Bewerbung
- Vorstellungsgespräche

Geld und Specials

- Sichere Altersvorsorge
- Energie sparen im Haushalt
- Energieausweis
- Geldanlage von A–Z
- Immobilien erwerben
- Immobilienfinanzierung
- Meine Ansprüche als Rentner
- Die neue Rechtschreibung
- Eher in Rente
- Web 2.0
- Zitate für Beruf und Karriere
- Zitate für besondere Anlässe

Persönliche Fähigkeiten

- Allgemeinwissen Schnelltest
- Ihre Ausstrahlung
- Burnout
- Business-Knigge
- Mit Druck richtig umgehen